딱
3가지
재료로
요리해먹기

KI신서 3400

딱 3가지 재료로 요리해먹기

1판 1쇄 인쇄 2011년 6월 15일
1판 1쇄 발행 2011년 6월 20일

지은이 최지연
펴낸이 김영곤 **펴낸곳** (주)북이십일 21세기북스
출판컨텐츠사업부문장 정성진 **생활문화팀장** 김선미 **기획편집** 김순란
영업·마케팅본부장 최창규 **영업** 이경희 우세웅 박민형 **마케팅** 김보미 김현유 강서영
출판등록 2000년 5월 6일 제10-1965호
주소 (우413-756) 경기도 파주시 교하읍 문발리 파주출판단지 518-3
대표전화 031-955-2100 **팩스** 031-955-2151
이메일 book21@book21.co.kr **홈페이지** www.book21.com
트위터 @21cbook **블로그** b.book21.com

값 10,800원
ISBN 978-89-509-3156-8 13590

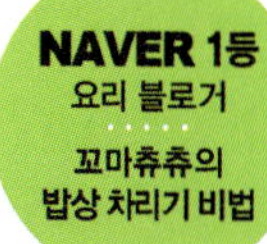

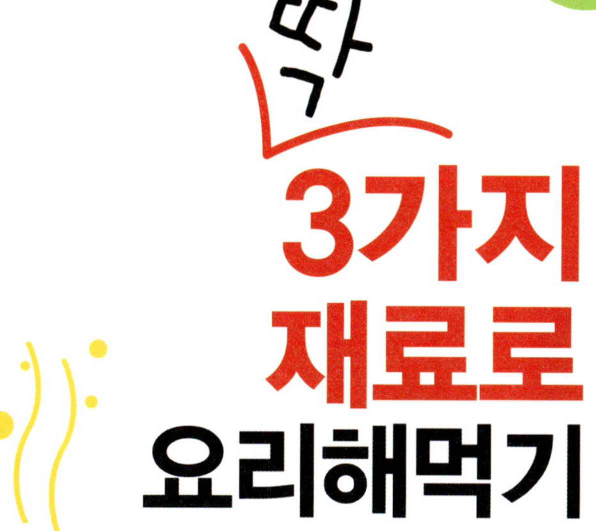

딱 3가지 재료로 요리해먹기

꼬마츄츄 최지연 지음

21세기북스

딱 3가지 재료로
매일 색다른 밥상 차리기

요즘에는 정말 먹을 것이 많죠? 그런데 밥상을 차리려고 하면, 도대체 뭘 먹으면 좋을지 막막해지는 것 같아요. '오늘 저녁에는 뭘 먹나?'라는 고민을 간신히 해결하고 나면, 곧이어 '내일 아침은 어떻게 하지?'라는 고민을 하게 되잖아요. 아마 저뿐 아니라 밥을 차려야 하는 입장이라면 다들 공감하실 테지요.

특히나 저처럼 아이를 키우는 엄마라면 더 많이 고민을 하게 되는 것 같아요. 아직 아이가 어리다 보니 점심까지 잘 챙겨줘야 하니까요. 나 혼자라면 아무거나 먹고 말 테지만 아이가 있으니 그럴 수도 없는 것이고, 또 그래서도 안 되잖아요. 늘 똑같은 반찬을 하면 밥을 먹는 가족들도 지겨워하기 마련이고요.

어느 날, 우리집 8살 된 성진이가 저한테 그러더라고요.

"엄마, 어제 먹었던 그 반찬을 또 먹어야 하는 거야? 좀 다른 것 없어?"

정말 '어쩌라고!'라는 생각이 절로 들었답니다. 도대체 색다른 메뉴가 생각이 나야 말이죠. 그렇다고 가만히 있을 수는 없겠더라고요. 그래서 몸은 피곤하고 머리는 아프지만, 이것저것 조금씩 새롭게 만들려고 노력하니 아이가 무척이나 좋아하더군요.

그런데 늘 그러다 보니 문제가 하나 생기더라고요. 바로 냉장고에 생각지 못했던 자투리 재료가 마구 쌓이는 겁니다. 알고 보니 늘 새로운 반찬을 만들다 보니, 요리에 들어가는 재료가 조금씩 남게 된 것이죠.

　그래서 제가 생각한 것이 냉장고 안에 언제나 있는 재료로 다양한 반찬을 만들어
보는 거였습니다. 냉장고에 언제나 있기 마련인 파, 양파, 마늘, 당근 등의 부재료들
을 기본으로 하고, 딱 3가지 메인 재료만 장을 봐서 다양한 요리를 만드는 거였죠.
정말 3가지 재료만 있으면 며칠간은 색다른 반찬을 만들 수 있더라고요. 첫날에는 3
가지 재료를 모두 사용한 요리를 만들고, 다음날은 조금씩 남게 된 재료를 중심으로
한두 가지 재료만 이용해 반찬을 만드는 식으로요.

　그래서 이 책에 올라온 반찬들은 다양한 재료를 사용해서 화려한 빛깔과 맛을 내
는 요리들이 아닙니다. 대신 딱 3가지 재료만으로 다양하게 반찬을 만들 수 있다는
것을 알려주고 있어요. 만드는 방법 역시 복잡한 부분을 빼고 최대한 간단하게 만들
수 있도록 정리했답니다. 그냥 냉장고에서 뒹굴고 있을 자투리 채소들까지 다 활용
을 할 수 있는 기회가 될 수 있을 거예요.

　밥상 차리기가 무서워 밥때가 걱정되는 분들에게 조금이나마 걱정을 덜어드렸으
면 좋겠네요. 단 3가지 재료만으로도 충분히 맛을 낼 수 있다는 것을 잊지 마세요.

꼬마쮸쮸 최지연

차 례

이 책의 활용법

1 이 책의 목차를 참고해서 요리에 필요한 3가지 재료를 구입하세요.

이 책에서는 냉장고에 항상 구비되어 있는 달걀, 파, 양파, 마늘, 당근, 고추 등과 간장, 고추장, 소금 등의 양념들을 별도의 재료로 분리하지 않았습니다. 만약 이런 기본 재료가 떨어졌다면 함께 챙기는 것을 잊지 마세요.

2 장본 재료를 놓고, 책에 제시된 식단 중에서 어떤 요리를 만들지 골라보세요. 예를 들어 참치, 감자, 애호박 식단을 골랐다면, 책에 제시된 참치애호박찌개, 참치감자크로켓, 참치전, 참치너겟, 감자옹심이, 감자전, 감자볶음 중에서 어떤 요리를 할지 결정하시면 돼요.

제시된 요리 중에는 3가지 재료를 모두 사용하는 요리도 있고, 한두 가지 재료만 사용하는 요리도 있답니다. 처음부터 모든 요리를 한번에 만드는 것보다 요리를 하고 남은 재료의 종류에 따라 추가 요리를 만들어 변화를 주면, 한 번의 장보기만으로도 질리지 않는 매일 식단을 구성할 수 있어요.

3 요리를 결정했다면 이제 맛있는 요리를 만들어보세요.

이 책에서 사용하는 〈큰술〉은 15ml 계량스푼을 기준으로 하고, 〈컵〉은 200ml 계량컵을 기준으로 합니다. 편의를 위해서 〈작은술〉은 사용하지 않았습니다.

기본 재료 손질 & 보관법

닭고기 냉장실에 오래 보관하려면 겉면에 오일을 살짝 발라 랩을 씌워서 넣어둔다.

무 잎을 뗀 채로 보관해야 수분이 오래 남는다. 랩에 싸서 냉장실에 넣어둔다.

감자 감자는 껍질째 요리하거나 가능한 얇게 껍질을 벗긴다. 싹이 난 감자는 싹을 완전히 도려내서 사용한다.

쑥갓 잎 부분만 따로 떼어낸 뒤 찬물에 담가 시들해지지 않도록 한다.

연근 식촛물에 삶아서 사용한다. 우엉과 연근은 조리하기 전에 반드시 끓는 식초물에 살짝 담갔다가 사용한다.

시금치 팔팔 끓는 물에 소금을 넣어서 데쳐야 색이 선명하고 예쁘다.

당근 신문지에 말아서 세운 채로 냉장보관을 하면 2주 이상 보관이 가능하다.

톳 톳은 소금물에 박박 문질러야 불순물이 빠진다. 데쳐서 사용한다.

부추 신문지로 부추를 돌돌 말아서 원통형으로 만든다. 비닐에 넣어 묶어서 보관한다.

양파 망에 넣어서 통풍이 잘되고 습기가 없는 곳에 둔다.

오이 소금에 비벼주면 색이 더 선명해진다.

표고버섯 마른 표고버섯은 찬물에 불린다. 빨리 불릴 때는 미지근한 설탕물에서 불리면 좋다. 기둥을 잘라낸 후에 사용한다.

대게 살아있는 대게는 미지근한 물에 10분 정도 담가 기절시킨다. 그 다음 배를 위로 향하게 해서 찐다.

배추 겨울에는 신문지에 싸서 세워놓으면 좋고 여름에는 랩에 싸서 냉장보관 한다.

참치 + 감자 + 애호박

부엌에 늘 있기 마련인 참치 통조림과 감자, 애호박만으로
정성을 담아내는 상차림.

감자

감자의 비타민과 무기질은 껍질 바로 밑에 많이 있기 때문에 껍질을 벗기고
조리하면 영양소가 파괴되거나 빠져나간다. 가능한 껍질째 요리하거나 껍질을
얇게 벗기는 것이 좋다.

요즘엔 감자가 연중 나오지만 하지가 지나고 7~8월에 나오는 하지감자를 최
고로 친다. 하지감자는 포슬포슬해서 그냥 쪄서 먹어도 맛있다. 감자를 오래 보
관할 때는 사과 한 알을 함께 넣어두자. 에틸렌 가스가 나와서 싹이 트지 않고
오래 둘 수 있다.

애호박

씹기에 부드럽고 단맛도 많은 애호박. 섬유소와 비타민A, C도 풍부하지만 씨
부분에 풍부한 레시틴이 뇌에 좋아 치매예방이나 두뇌발달에도 도움이 된다.

재래종인 둥근 애호박의 맛이 제일 좋지만 요즘은 보기 어렵고, 외래종 애호
박인 주키니를 많이 사용한다. 이탈리아어로 호박이란 뜻으로, 돼지호박이라고
도 부른다. 애호박에 비해 색이 짙고 긴 것이 특징이다. 한식요리에 쓰기에는 애
호박에 비해 맛이 덜하지만 같은 요리법으로 쓸 수 있다.

참치애호박찌개

＋ 재료 통조림 참치 150g, 애호박 ⅓개, 양파 ⅓개, 파 ½대, 풋고추 1개, 홍고추 1개, 멸치다시마육수 4컵, 국간장 2큰술, 고추장 2큰술, 다진 마늘 ½큰술

＋ 만드는 방법

1 참치는 건져서 물과 기름을 뺀다. 애호박과 양파는 한입 크기로 납작하게 썰고 파는 큼직하게, 풋고추와 홍고추는 어슷 썬다.

2 뚝배기에 멸치다시마육수를 끓인 후 참치와 애호박을 넣고 국간장과 고추장, 마늘로 양념하여 끓인다.

3 끓어오르면 양파, 파, 풋고추, 홍고추를 넣고 한소끔 더 끓인다.

참치감자크로켓

＋ 재료 통조림 참치 150g, 감자 2개, 달걀 1개, 빵가루 1컵, 현미유 2컵, 소금 조금

＋ 만드는 방법

1 참치는 꼭 짜서 물과 기름을 뺀다. 감자는 껍질째 쪄서 껍질을 벗긴다.

2 찐 감자를 으깨 참치를 섞고 소금으로 간을 하여 동그랗게 빚는다.

3 달걀을 잘 풀어 반죽을 적신 후 빵가루를 묻혀 달군 기름에 튀겨낸다.

참치전

+ 재료 통조림 참치 150g, 양파 ¼개, 파 ½대, 달걀 1개, 현미유 2큰술, 소금 조금

+ 만드는 방법

1 참치는 건져서 물기를 빼 놓고 양파와 파는 잘게 다진다.

2 참치, 양파, 파, 달걀을 잘 섞고 소금으로 간을 한다.

3 달군 팬에 기름을 두르고 조금씩 떠서 노릇하게 부쳐낸다.

참치너겟

+ 재료 통조림 참치 150g, 밀가루 2큰술, 달걀 ½개, 현미유 2큰술, 소금 조금

+ 만드는 방법

1 참치는 꼭 짜서 물과 기름을 빼고 밀가루와 달걀, 소금을 넣고 반죽해서 동그랗게 빚는다.

2 달군 팬에 기름을 두르고 너겟을 구워낸다.

감자옹심이

+ **재료** 감자 3개, 애호박 ½개, 파 ⅓대, 홍고추 1개, 멸치다시마육수 4컵, 국간장 2큰술, 소금 조금

+ **만드는 방법**

1 감자는 강판에 간 뒤 면포에 싸서 꼭 짜고 그 물을 받아 전분이 가라앉도록 30분간 둔다.

2 애호박은 나박하게 썰고 파와 홍고추는 어슷 썬다.

3 감자의 전분이 가라앉으면 물을 버리고 전분만 모아서 갈아놓은 감자와 소금을 넣어 반죽하고 동그랗게 옹심이를 빚는다.

4 멸치다시마육수에 애호박을 넣고 끓이다가 빚어둔 감자옹심이와 국간장, 파와 홍고추를 넣고 끓여낸다.

감자전

+ **재료** 감자 2개, 당근 ¼개, 양파 ¼개, 밀가루 2큰술, 현미유 2큰술, 파슬리가루 · 소금 조금씩

+ **만드는 방법**

1 당근은 가늘게 채 썰고 양파는 곱게 다진다.

2 감자는 껍질을 벗긴 후 강판에 갈고 색이 변하기 전에 당근, 양파, 밀가루, 파슬리가루와 소금을 넣고 잘 섞는다.

3 달군 팬에 기름을 두르고 조금씩 떠서 구워낸다.

감자볶음

✚ 재료 감자 2개, 양파 ½개, 소금 1큰술, 통깨 ½큰술, 참기름 ½큰술, 현미유 2큰술

✚ 만드는 방법

1 감자는 채 썰고 물에 여러 번 씻어 겉의 녹말을 뺀다. 양파도 채 썬다.

2 달군 팬에 기름을 두르고 감자부터 볶다가 거의 익었을 때 양파를 넣고 볶는다.

3 소금으로 간을 맞추고 통깨와 참기름을 뿌려 한 번 더 볶아낸다.

피망이나 파프리카, 당근을 채 썰어 양파를 볶을 때 같이 넣으면 색감을 살릴 수 있고 맛도 좋다.

돼지고기 다짐육 + 두부 + 깻잎

다진 돼지고기와 두부로 부드럽게 즐기는 요리들.
어린 아이나 집안의 어른들에게 좋은 밥상이다.

두부

두부를 굽기 전에 미리 소금을 뿌리거나 소금물에 담가두면 수분이 빠지고 단단해져서 부서지지 않고 깔끔하게 구울 수 있다. 으깨서 요리할 땐 면포에 싸고 꼭 짜서 물기를 완전히 빼야 요리가 질척거리지 않는다. 쓰고 남은 두부는 물에 담가 냉장고에서 보관하고 며칠 내에 쓰지 않을 때는 물을 갈아준다.

깻잎

철분과 칼슘이 많은 깻잎은 쌈이나 반찬거리로도 좋은 재료지만 독특한 향이 있어 향신료로도 이용된다. 생선이나 육류, 찌개나 볶음에 깻잎으로 비린 맛을 잡고 향을 더할 수 있다. 깻잎을 보관할 때 물이 묻으면 금방 검게 변하므로 물기가 닿지 않도록 종이나 키친타월로 싸서 냉장 보관한다.

돼지고기완자조림

- **재료** 돼지고기 다짐육 300g, 현미유 2큰술, 소금 · 후추 조금씩
- **조림양념** 간장 3큰술, 물엿 1.5큰술, 다진 마늘 ½큰술, 통깨 · 참기름 조금씩

+ 만드는 방법

1 다진 돼지고기는 소금과 후추로 간을 해서 찰기가 생기도록 치대다가 한입 크기로 동그랗게 빚는다.

2 달군 팬에 기름을 두르고 완자가 부서지지 않도록 조심하면서 겉면이 고루 익도록 살살 굴려서 굽는다. 노릇하게 구워지면 뚜껑을 덮고 속까지 다 익힌다.

3 조림양념 재료를 잘 섞어 구운 완자에 붓고 조린다.

마파두부

- **재료** 돼지고기 다짐육 70g, 두부 ½모, 홍고추 1개, 물 ½컵, 간장 2큰술, 굴소스 2큰술, 고춧가루 1큰술, 설탕 ½큰술, 다진 마늘 ½큰술, 전분 1큰술, 현미유 1큰술

+ 만드는 방법

1 두부는 깍둑 썰고 홍고추는 어슷 썬다.

2 달군 팬에 기름을 두르고 마늘과 고춧가루를 볶다가 다진 돼지고기를 넣어 같이 볶는다.

3 물과 간장, 굴소스, 설탕을 넣어 끓이다 전분을 물에 개어 넣고 농도를 맞춘다.

4 두부와 홍고추를 넣어 한소끔 더 끓인다.

깻잎두부전

✚ 재료 돼지고기 다짐육 200g, 두부 ¼모, 깻잎 10∼15장, 양파 ⅓개, 파 ½대, 밀가루 5큰술, 달걀 1개, 참기름 ½큰술, 현미유 2큰술, 소금 · 후추 조금씩

✚ 만드는 방법

1 두부는 면포에 싸서 물기를 꼭 짜면서 으깬다. 양파와 파는 잘게 썬다.

2 다진 돼지고기와 두부, 양파, 파를 볼에 담고 소금과 후추, 참기름으로 양념해서 반죽한다.

3 달걀은 잘 풀어둔다.

4 깻잎을 펼쳐서 ¼면에만 반죽을 올린 후 위로 한 번, 옆으로 한 번 접어서 예쁘게 고정한다.

5 양면에 밀가루를 묻힌 후 달걀에 담갔다가 달군 팬에 기름을 두르고 부쳐낸다.

두부조림

✚ 재료 두부 ½모, 파 ¼대, 현미유 2큰술, 소금 · 통깨 조금씩
✚ 조림양념 간장 2큰술, 고춧가루 1큰술, 물엿 1큰술, 다진 마늘 ½큰술, 참기름 조금

✚ 만드는 방법

1 두부는 넙적하게 썰고 소금으로 밑간을 한다. 파는 송송 썬다.

2 두부의 물기를 닦아낸 후 달군 팬에 기름을 두르고 앞뒤로 노릇하게 굽는다.

3 조림양념 재료를 잘 섞어 구운 두부에 끼얹어 조리고 파와 통깨를 뿌려낸다.

두부강정

+ **재료** 두부 ½모, 전분 3큰술, 현미유 2큰술, 소금 · 통깨 조금씩
+ **강정양념** 물 ½컵, 토마토케첩 1큰술, 간장 1큰술, 고추장 1큰술, 물엿 1.5큰술

+ **만드는 방법**

1 두부는 깍둑 썰어 소금을 뿌려둔다.

2 두부 겉면의 물기를 닦고 전분을 고루 묻힌 후 달군 팬에 기름을 두르고 굽는다.

3 냄비에 강정양념 재료를 넣고 끓이다가 구운 두부를 넣어 조려내고 통깨를 뿌린다.

깻잎나물

+ **재료** 깻잎 30장
+ **무침양념** 다진 마늘 ½큰술, 소금 ½큰술, 통깨 ½큰술, 참기름 ½큰술

+ **만드는 방법**

1 깻잎은 끓는 물에 데친다.

2 물기를 꽉 짠 깻잎에 무침양념 재료를 넣고 버무린다.

깻잎찜

- **재료** 깻잎 30장, 당근 ¼개, 양파 ¼개
- **찜양념** 간장 2큰술, 다진 파 ½큰술, 다진 마늘 ½큰술, 통깨 ½큰술, 참기름 ½큰술

＋ 만드는 방법

1 깻잎은 깨끗이 씻어 물기를 뺀다.

2 찜양념 재료를 잘 섞어 그릇에 깻잎 두세 장과 찜양념을 번갈아 켜켜이 쌓는다.

3 그릇째 5분간 쪄낸다.

꽃게 + 무 + 애호박

꽃게로 탕이나 찌개를 끓일 땐 된장을 풀고 무와 애호박을 넣는 것이
기본. 채소와 양념을 더하여 변화를 줄 수 있다.

꽃게

꽃게는 뒤집어 봐서 배 아래쪽을 덮은 배판이 둥글고 넓적한 것은 암게, 위로
길쭉한 것은 수게이다. 봄에는 알을 품기 시작하는 암게가 맛있고 가을에는 살
이 오른 수게가 맛있다. 여름에는 금어기가 있어서 냉동 꽃게만 유통된다.

꽃게를 손질할 때는 솔로 구석구석을 깨끗이 닦아내야 비리거나 지분거리지
않는다. 통째로 요리해도 되지만 배판, 다리끝, 모래집, 아가미 등을 떼서 요리
하면 깔끔하다.

꽃게탕

+ 재료 꽃게 2마리, 무 3cm 두께 1조각, 애호박 ⅓개, 파 ½대, 홍고추 1개, 멸치다시마육수 4컵, 된장 1큰술, 고추장 2큰술, 고춧가루 2큰술, 다진 마늘 ½큰술

+ 만드는 방법

1 꽃게는 깨끗이 손질해서 2~4등분 한다. 무와 애호박은 납작하게 썬다. 파와 홍고추는 어슷 썬다.

2 냄비에 멸치다시마육수를 붓고 무와 애호박, 된장, 고추장, 고춧가루, 마늘을 넣고 끓인다.

3 끓어오르면 꽃게를 넣고 맛이 우러나도록 한참 끓인 후 파와 홍고추를 넣어 한소끔 더 끓인다.

꽃게된장찌개

+ 재료 꽃게 2마리, 무 3cm 두께 1조각, 애호박 ⅓개, 파 ½대, 풋고추 1개, 홍고추 1개, 멸치다시마육수 4컵, 된장 2큰술, 고춧가루 1큰술, 다진 마늘 1큰술

+ 만드는 방법

1 꽃게는 깨끗이 손질해서 2등분한다. 무와 애호박은 납작하게 썬다. 파와 풋고추, 홍고추는 어슷 썬다.

2 뚝배기에 멸치다시마육수를 부어 된장을 풀고 무와 애호박, 고춧가루, 마늘을 넣고 끓인다.

3 끓어오르면 꽃게를 넣고 맛이 우러나도록 한참 끓인 후 파와 풋고추, 홍고추를 넣어 한소끔 더 끓인다.

양념꽃게장

+ **재료** 꽃게 3마리
+ **게장양념** 풋고추 1개, 홍고추 1개, 간장 ½컵, 고춧가루 4큰술, 물엿 1큰술, 깨소금 ½큰술, 다진 마늘 1큰술

+ **만드는 방법**

1 꽃게는 깨끗이 손질해서 4등분하고 간장을 부어 1시간 정도 재워둔다.

2 풋고추와 홍고추는 어슷 썬다.

3 꽃게를 재운 간장을 따라내어 고춧가루, 물엿, 깨소금, 풋고추, 홍고추, 마늘을 섞어 게장양념을 만든다.

4 게장양념을 절인 꽃게에 부어서 잘 섞는다.

무조림

+ **재료** 무 7cm 두께 1조각
+ **조림양념** 멸치다시마육수 1컵, 간장 3큰술, 물엿 1.5큰술, 고춧가루 1.5큰술, 다진 마늘 1큰술

+ **만드는 방법**

1 무는 도톰하게 썬다.

2 냄비에 무와 조림양념 재료를 모두 넣고 간이 잘 밸 때까지 은근한 불에서 오랫동안 조린다.

애호박부침개

✚ 재료 애호박 1개, 당근 ¼개, 부침가루 7큰술, 물 1컵, 현미유 2큰술, 소금 조금

✚ 만드는 방법

1 애호박과 당근은 가늘게 채 썬다.

2 부침가루와 물을 섞어 걸쭉할 정도로 농도를 맞추고 채 썬 애호박과 당근, 소금을 넣고 섞는다.

3 달군 팬에 기름을 두르고 반죽을 얇게 둘러 구워서 한입 크기로 썰어낸다.

쇠고기 다짐육 + 마늘종 + 멸치

다진 쇠고기 요리에 마늘종과 멸치 반찬을 더해 차리는 정갈한 밥상.

마늘종

마늘은 뿌리를 주로 먹는 채소이지만 알뿌리가 굵어지기 전의 마늘잎이나 꽃대가 다 자란 꽃줄기를 따서 먹기도 하는데 이 꽃줄기가 마늘종이다. 매운 향이 강하지 않고 단맛이 많아 나물로 먹기에 좋다. 살짝 데쳐서 조리하면 오래 익히지 않아도 된다.

멸치

뼈째 먹는 생선으로 중요한 칼슘 공급원이다. 바다 생선은 먹이사슬의 위쪽으로 갈수록 중금속이나 환경오염물이 축적되는 양이 기하급수적으로 많아져서 덩치 큰 생선의 중금속 오염이 심각한데, 먹이사슬의 가장 아래쪽에 위치한 멸치는 가장 안전한 생선이기도 하다.

마른 팬에서 살짝 볶아 체에 털고 조리하면 비린맛과 부스러기를 없앨 수 있다.

쇠고기완자 탕수육

+ **재료** 쇠고기 다짐육 200g, 다진 마늘 ½큰술, 현미유 2큰술, 소금·후추 조금씩
+ **탕수소스** 양파 ¼개, 물 1컵, 간장 2.5큰술, 토마토케첩 1큰술, 물엿 1큰술, 설탕 ½큰술, 전분 1큰술

+ 만드는 방법

1 다진 쇠고기는 마늘과 소금, 후추로 간을 하여 동그랗게 완자를 빚는다.

2 달군 팬에 기름을 살짝 두르고 완자를 잘 굴려 굽는다.

3 양파는 한입 크기로 썬다.

4 다른 팬에 전분을 제외한 탕수소스 재료를 넣고 끓이다가 마지막에 전분을 물에 개어 넣고 걸쭉하게 농도를 맞춘다.

5 탕수소스에 완자를 넣고 조린다.

피망이나 파프리카를 한입 크기로 썰어 양파와 함께 소스에 넣으면 색감을 살릴 수 있다.

쇠고기주먹밥

✚ 재료 쇠고기 다짐육 300g, 당근 ¼개, 파 ½대, 밥 2공기, 간장 3
큰술, 설탕 1큰술, 통깨 ½큰술, 참기름 ½큰술, 현미유 1큰술

✚ 만드는 방법

1 다진 쇠고기는 간장과 설탕으로 간을 한다.

2 당근과 파는 잘게 썬다.

3 달군 팬에 기름을 두르고 쇠고기와 당근, 파를 넣고 볶는다.

4 볼에 밥과 쇠고기 볶은 것, 참기름과 통깨를 뿌려 섞는다.

5 손으로 꼭꼭 눌러 주먹밥을 빚는다.

마늘종멸치볶음밥

✚ 재료 마늘종 50g, 멸치 30g, 당근 ¼개, 양파 ⅓개, 달걀 2개, 밥
2공기, 굴소스 1큰술, 참기름 ½큰술, 현미유 1큰술

✚ 만드는 방법

1 마늘종과 당근, 양파는 잘게 썬다.

2 달군 팬에 기름을 두르고 마늘종과 멸치, 당근, 양파를 먼
저 넣고 볶다가 밥을 넣고 굴소스로 간을 맞춰 볶는다.

3 다 볶아지면 밥을 팬의 한쪽으로 민 다음 빈 공간에 달걀을
풀어 넣고 젓가락으로 휘저으며 볶는다.

4 참기름을 넣고 고루 섞어 담아낸다.

마늘종볶음

＋ 재료 마늘종 200g, 양파 ⅓개, 간장 3큰술, 물엿 1큰술, 설탕 ½큰술, 통깨 ½큰술, 참기름 ½큰술, 현미유 1큰술, 소금 조금

＋ 만드는 방법

1 마늘종은 3~4cm 길이로 잘라서 소금물에 데치고 양파는 채 썬다.

2 달군 팬에 기름을 두르고 마늘종과 양파를 먼저 볶다가 간장과 물엿, 설탕을 넣어 한 번 더 볶는다.

3 참기름과 통깨를 넣고 마무리한다.

고추장멸치볶음

＋ 재료 멸치 80g

＋ 볶음양념 간장 1.5큰술, 고추장 1큰술, 물엿 ½큰술, 설탕 ½큰술, 다진 마늘 ½큰술, 통깨 ½큰술, 참기름 ½큰술, 현미유 2큰술

＋ 만드는 방법

1 달군 팬에 기름을 두르고 멸치를 먼저 볶는다.

2 볶음양념 재료를 잘 섞어 넣고 고루 볶아낸다.

마늘종멸치볶음

+ **재료** 마늘종 150g, 멸치 50g, 간장 2큰술, 물엿 ½큰술, 설탕 ½큰술, 다진 마늘 1큰술, 통깨 ½큰술, 참기름 ½큰술, 현미유 1.5큰술, 소금 조금

+ **만드는 방법**

1 마늘종은 3~4cm 길이로 잘라서 소금물에 데친다.

2 달군 팬에 기름을 두르고 멸치와 데친 마늘종을 볶다가 간장으로 간을 한다.

3 물엿과 설탕, 마늘, 통깨, 참기름을 넣고 한 번 더 볶는다.

호두를 같이 넣고 볶으면 씹히는 맛이 좋다.

마늘종무침

+ **재료** 마늘종 200g, 소금 조금
+ **무침양념** 고추장 1큰술, 간장 1.5큰술, 물엿 1큰술, 설탕 ½큰술, 통깨 ½큰술, 참기름 ½큰술

+ **만드는 방법**

1 마늘종은 3~4cm 길이로 잘라서 소금물에 데친다.

2 무침양념 재료를 잘 섞어 데친 마늘종에 넣고 무친다.

오징어 + 무 + 콩나물

오징어의 타우린과 콩나물의 아스파라긴산은
간의 해독 작용을 도와 피로와 숙취를 풀어주는 성분.
소화를 돕는 무와 함께 요리하여 지친 몸을 풀어준다.

오징어

볶음요리에는 살이 두터워진 냉동오징어를 써야 씹는 맛이 좋다. 생물 오징어를 살 때는 살이 투명하고 표면에 광택이 있는 것을 고른다.

무

소화를 돕고 많이 먹어도 탈이 없어서 한식 요리에 빠지지 않는 무. 짧고 둥근 재래종 무는 살이 단단해 김치나 깍두기, 동치미를 담기에 좋고, 길쭉한 무는 부드럽고 물이 많아 생채로 쓰기에 좋다.

오징어무국

+ **재료** 오징어 ½마리, 무 2cm 두께 1조각, 양파 ⅓개, 파 ½대, 풋고추 1개, 멸치다시마육수 4컵, 고춧가루 1.5큰술, 다진 마늘 ½큰술, 소금 1큰술

+ **만드는 방법**

1 오징어는 채 썰고 무는 나박하게 썬다. 양파, 파, 풋고추는 작게 썬다.

2 냄비에 멸치다시마육수를 붓고 무를 먼저 넣어 끓인다.

3 끓기 시작하면 오징어와 고춧가루, 마늘을 넣고 소금으로 간을 맞춘다.

4 양파와 파, 풋고추를 넣고 한소끔 더 끓여낸다.

오징어볶음

+ **재료** 오징어 ½마리, 양파 ½개, 파 ½대, 풋고추 1개
+ **볶음양념** 물이나 육수 3큰술, 간장 2큰술, 고추장 2큰술, 고춧가루 1큰술, 다진 마늘 1큰술, 참기름 ½큰술

+ **만드는 방법**

1 오징어는 칼집을 낸 후 한입 크기로 썰고 양파, 파, 풋고추는 채 썬다.

2 볶음양념 재료를 잘 섞어 오징어와 버무린다.

3 달군 팬에 양념된 오징어와 양파, 파, 풋고추를 넣고 뚜껑을 덮어 강한 불에서 익히다가 마지막에 뚜껑을 열고 볶아낸다.

떡볶이떡을 함께 넣고 볶으면, 한끼 식사로도 손색이 없다.

오징어초무침

+ 재료 오징어 ½마리, 무 3cm 두께 1조각, 양파 ½개, 풋고추 1개
+ 초무침양념 고추장 2큰술, 고춧가루 1큰술, 식초 2큰술, 다진 마늘 1큰술, 깨소금 ½큰술, 참기름 ½큰술

+ 만드는 방법

1 오징어는 칼집을 내고 끓는 물에 살짝 데쳐 채 썬다. 무, 양파도 채 썰고 풋고추는 어슷 썬다.

2 초무침양념 재료를 잘 섞어 오징어와 무, 양파, 풋고추와 버무린다.

무볶음

+ 재료 무 5cm 두께 1조각, 다진 파 1큰술, 다진 마늘 ½큰술, 소금 ½큰술, 통깨 ½큰술, 참기름 1큰술, 현미유 ½큰술

+ 만드는 방법

1 무는 납작하게 채 썬다.

2 달군 팬에 기름을 두르고 무를 살살 볶는다.

3 소금, 통깨, 참기름과 파, 마늘을 넣고 한 번 더 볶아낸다.

콩나물국

+ 재료 콩나물 150g, 멸치다시마육수 4컵, 파 ½대, 고춧가루 1큰술,
다진 마늘 ½큰술, 소금 ½큰술

+ 만드는 방법

1 냄비에 멸치다시마육수와 콩나물, 고춧가루, 마늘을 넣고
뚜껑을 덮어 끓인다.

2 끓어오르면 파를 넣고 소금으로 간을 한다.

토막닭 + 감자 + 깻잎

조림이든 찜이든 구이든 닭고기에 늘 따라다니는 감자.
단백질에 탄수화물을 더하고, 육질에 포슬포슬한 식감을 더하고,
진한 고기양념에 담백한 뿌리채소를 더하는 찰떡궁합이다.

토막닭

진한 양념을 하는 닭고기 요리는 양념이 잘 배도록 토막닭을 사용한다. 취향에 따라 닭 한 마리를 쓰거나 다리나 날개, 닭봉만 따로 구입해서 조리해도 된다. 닭고기는 조리하기 전에 핏물이 남아있지 않도록 깨끗이 씻어야 요리가 깔끔하다.

닭고기감자조림

+ **재료** 토막닭 500g, 감자 2개, 당근 ¼개, 양파 ½개, 파 ½대, 풋고추 1개
+ **조림양념** 물 ½컵, 간장 6큰술, 고추장 2큰술, 고춧가루 2큰술, 물엿 2큰술, 설탕 ½큰술, 다진 마늘 1큰술

+ **만드는 방법**

1 토막닭은 깨끗이 씻어 준비한다. 감자와 당근, 양파는 큼직하게 썰고, 파와 풋고추는 어슷 썬다.

2 조림양념 재료를 잘 섞는다.

3 냄비에 닭고기와 감자, 조림양념을 넣고 뚜껑을 덮어 끓인다.

4 거의 다 익었을 때 당근, 양파, 파, 풋고추를 넣고 조린다.

닭고기간장조림

+ **재료** 토막닭 500g
+ **조림양념** 물 ⅓컵, 간장 4큰술, 흑설탕 2큰술, 물엿 1.5큰술, 다진 마늘 1큰술

+ **만드는 방법**

1 토막닭은 깨끗이 씻어서 냄비에 조림양념 재료와 함께 넣고 뚜껑을 덮어 익힌다.

2 고기가 익어 갈색으로 색이 배면 뚜껑을 열고 자작하게 조린다.

안동찜닭

+ **재료** 토막닭 500g, 감자 2개, 당근 1개, 양파 ½개, 파 ½대, 풋고추 1개, 홍고추 1개, 당면 100g
+ **찜양념** 간장 8큰술, 흑설탕 3큰술, 물엿 1큰술

+ **만드는 방법**

1 당면을 찬물에 담가 1시간 정도 불린다.

2 냄비에 닭고기를 담고 모두 잠길 정도의 물을 부어 반 정도 익을 만큼 삶는다.

3 감자와 당근은 큼직하게 잘라 모서리를 둥글린다.

4 닭고기 삶은 물은 체에 거른다.

5 냄비에 닭고기 삶은 물 2컵, 삶은 닭고기, 감자, 당근, 찜양념 재료를 넣고 뚜껑을 덮어 익힌다.

6 양파는 채 썰고, 파는 크게, 풋고추, 홍고추는 어슷 썬다.

7 갈색이 나기 시작하면 양파, 파, 풋고추, 홍고추와 불린 당면을 넣고 뚜껑을 덮어 조린다.

꿀닭

+ **재료** 토막닭 500g, 달걀흰자 1개, 전분 ½컵, 현미유 2컵, 소금 · 후추 조금씩
+ **조림양념** 물 6큰술, 간장 3큰술, 꿀 2큰술, 다진 마늘 1큰술, 청주 1큰술

+ **만드는 방법**

1 닭고기에 소금과 후추로 간을 한 후 달걀흰자와 전분을 넣고 반죽한다.

2 달군 기름에 반죽한 닭고기를 넣고 바삭하게 튀겨낸다.

3 팬에 조림양념 재료를 넣고 끓이다가 튀긴 닭을 넣고 조린다.

간장치킨

- **재료** 토막닭 500g, 카레가루 2큰술, 전분 5큰술, 밀가루 5큰술, 현미유 2컵
- **치킨양념** 간장 4큰술, 물엿 2큰술, 설탕 ½큰술, 다진 마늘 1큰술, 참기름 ½큰술

✚ 만드는 방법

잡냄새를 없애도록 닭고기에 카레가루를 뿌려서 30분에서 1시간 정도 재워둔다.

전분과 밀가루를 섞어서 닭고기에 묻힌다.

달군 기름에 바삭하게 튀긴 후 건져 기름을 뺀다.

치킨양념 재료를 잘 섞어 붓으로 치킨에 골고루 바른다.

잡냄새를 없애기 위해서는 카레가루 대신 마늘가루나 후추를 뿌리거나 우유에 재워도 된다.

핫윙

+ **재료** 닭날개 10개
+ **핫윙소스** 토마토케첩 1큰술, 간장 3큰술, 고추장 2큰술, 고춧가루 1큰술, 물엿 1큰술, 다진 마늘 ½큰술

+ **만드는 방법**

1 핫윙소스 재료를 잘 섞고 닭날개를 넣어 30분에서 1시간 정도 재워둔다.

2 재워둔 닭날개를 팬에 넣고 뚜껑을 덮어 익혀낸다.

닭봉깐풍기

+ **재료** 닭봉 10개, 허브소금 조금
+ **깐풍소스** 양파 ⅓개, 풋고추 1개, 다진 마늘 ½큰술, 물 ½컵, 간장 2큰술, 식초 2큰술, 물엿 1큰술, 설탕 ½큰술, 전분 1큰술, 현미유 1큰술

+ **만드는 방법**

1 닭봉에 허브소금을 뿌려 20분간 재워둔다.

2 양파와 풋고추는 잘게 다진다.

3 재워둔 닭봉을 달군 팬에서 노릇하게 구워낸다.

4 팬에 기름을 두르고 먼저 마늘을 볶다가 양파와 풋고추를 넣고 볶는다.

5 4에 물, 간장, 식초, 물엿, 설탕을 넣고 끓이다 전분을 물에 개어 넣고 걸쭉하게 농도를 맞추어 깐풍소스를 만든다.

6 구운 닭봉을 깐풍소스에 넣고 조린다.

바비큐소스 닭봉구이

+ **재료** 닭봉 10개
+ **바비큐소스** 시판 바비큐소스 또는 돈가스소스 3큰술, 토마토케첩 1큰술, 간장 4큰술, 물엿 1큰술, 설탕 ½큰술, 다진 마늘 ½큰술

+ **만드는 방법**

바비큐소스 재료를 잘 섞고 닭봉을 넣어 버무려서 30분에서 1시간 정도 재워둔다.

달군 팬에 재워둔 닭봉을 넣고 뚜껑을 덮어 굽는다.

거의 익었을 때 재우고 남은 소스를 붓고 강한 불에서 조린다.

버팔로윙

+ **재료** 닭날개 15개, 허브소금 조금
+ **버팔로윙소스** 돈가스소스 7큰술, 토마토케첩 1큰술, 간장 1큰술, 설탕 ½큰술, 다진 마늘 ½큰술

+ **만드는 방법**

1 닭날개에 허브소금를 뿌려 5분간 둔다.

2 버팔로윙소스 재료를 잘 섞어 닭날개와 버무려 재워둔다.

3 180도의 오븐에서 30분간 구워낸다.

닭다리구이

+ **재료** 닭다리 5개
+ **고기양념** 간장 4큰술, 청주 1큰술, 설탕 ½큰술, 다진 마늘 ½큰술

+ **만드는 방법**

1 닭다리에 칼집을 낸다.

2 고기양념 재료를 잘 섞어 닭다리에 버무리고 30분간 재워둔다.

3 달군 팬에 재워둔 닭다리를 넣고 약한 불에서 속까지 익도록 구워낸다.

4 다 익은 닭다리는 그릴에 구워 윗면에 예쁘게 색을 낸다.

깻잎김치

- **재료** 깻잎 30장, 당근 ¼개, 양파 ¼개, 홍고추 1개
- **김치양념** 다시마육수 2큰술, 간장 2큰술, 멸치액젓 2큰술, 다진 마늘 ⅓큰술, 고춧가루 1큰술

만드는 방법

1 깻잎은 씻어서 물기를 뺀다.

2 김치양념 재료를 잘 섞는다.

3 당근과 양파는 채 썰고 홍고추는 어슷 썰어 김치양념에 버무린다.

4 깻잎에 김치양념을 발라 차곡차곡 쌓는다.

돼지고기 목살 + 두부 + 묵은지

돼지고기, 묵은지와 두부는 찌개에도 보쌈에도 늘 잘 어울리는 삼 총
사. 살과 지방이 적당히 섞여 부드러운 목살로 요리하면
묵은지와 맛이 잘 어울린다. 목살 대신 다리살을 이용해도 좋다.

묵은지

　찌개나 볶음, 전처럼 익혀서 먹는 김치는 오래 익힌 김치를 쓸수록 맛있다. 오래 절인 배추로 양념을 많이 하지 않고 담가 저온에서 오래 익혀 깊은 맛이 나는 묵은지로 요리하면 김치 요리의 맛을 제대로 낼 수 있다. 또 김치 국물을 버리지 말고 김치 요리에 넣으면 깊은 맛이 난다. 양념이 거칠게 남아 있는 김치 국물은 체에 걸러 넣으면 모양새도 깔끔하고 맛도 부드럽다.

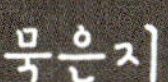

두부김치

+ **재료** 두부 1모, 묵은지 200g, 돼지고기 목살 150g, 양파 ⅓개, 파 ½대, 현미유 1큰술
+ **볶음양념** 간장 1큰술, 고추장 1큰술, 고춧가루 1큰술, 물엿 1.5큰술, 다진 마늘 1큰술, 참기름 1큰술

+ 만드는 방법

1 돼지고기는 한입 크기로 썰고 묵은지, 양파, 파는 작게 썬다.

2 달군 팬에 기름을 두르고 돼지고기를 먼저 볶다가 거의 익었을 때 묵은지와 볶음양념 재료를 넣고 볶는다.

3 양파와 파를 넣고 한 번 더 볶는다.

4 두부는 물에 데쳐서 넙적하게 썬다.

5 볶은 묵은지와 두부를 접시에 같이 담아낸다.

김치전

+ **재료** 묵은지 100g, 돼지고기 목살 60g, 부침가루 7큰술, 물 ½컵, 현미유 2큰술, 김치 국물 조금

+ 만드는 방법

1 묵은지와 돼지고기는 잘게 썬다.

2 볼에 묵은지와 돼지고기, 부침가루, 김치 국물과 물을 넣어 걸쭉하게 반죽한다.

3 달군 팬에 기름을 두르고 조금씩 떠서 구워낸다.

묵은지찌개

+ 재료 묵은지 150g, 돼지고기 목살 100g, 두부 ½모, 파 ½대, 홍고추 1개, 멸치다시마육수 4컵, 김치 국물 ½컵, 고춧가루 1큰술, 다진 마늘 ½큰술

+ 만드는 방법

1 돼지고기와 묵은지는 큼직하게 썰고 두부는 납작하게 썬다. 파와 홍고추는 작게 썬다.

2 달군 냄비에 돼지고기와 묵은지를 넣고 볶다가 멸치다시마 육수와 김치 국물을 붓고 고춧가루와 마늘을 넣고 끓인다.

3 한참 끓여 국물이 잘 우러나면 두부와 파, 홍고추를 넣고 한 소끔 더 끓여낸다.

제육볶음

+ 재료 돼지고기 목살 250g, 양파 ½개, 파 ½대, 홍고추 1개, 통깨 조금

+ 고기양념 간장 3큰술, 고추장 1.5큰술, 고춧가루 1큰술, 물엿 2큰술, 다진 마늘 ½큰술, 참기름 조금

+ 만드는 방법

1 돼지고기는 한입 크기로 썬다.

2 고기양념 재료를 잘 섞어 돼지고기를 재워둔다. 기름기를 줄이려면 양념에 재우기 전에 고기를 살짝 데친다.

3 양파는 채 썰고 파는 큼직하게 썬다. 홍고추는 어슷 썬다.

4 달군 팬에 양념된 고기를 넣고 볶다가 거의 익었을 때 양파와 파, 홍고추를 넣고 볶아내고 통깨를 뿌린다.

돼지고기찌개

+ **재료** 돼지고기 목살 200g, 당근 ¼개, 파 ½대,
  멸치다시마육수 4컵, 소금 조금
+ **고기양념** 간장 2큰술, 고추장 3큰술, 물엿 ½큰술, 설탕 1큰술,
  다진 마늘 1큰술

+ 만드는 방법

1 돼지고기는 한입 크기로 썬다.

2 고기양념 재료를 잘 섞어 돼지고기를 넣고 10분간 재워둔다.

3 당근은 납작하게 썰고 파는 어슷 썬다.

4 냄비에 재워둔 고기를 넣고 멸치다시마육수를 붓고 끓인다.

5 찌개가 다 끓으면 당근과 파를 넣고 한소끔 더 끓이고 부족
  한 간은 소금으로 맞춘다.

묵은지달걀말이

+ **재료** 묵은지 30g, 달걀 3개, 현미유 1큰술

+ 만드는 방법

1 달걀은 잘 풀고 묵은지는 살짝 짜서 잘게 썬다.

2 달군 팬에 기름을 두르고 달걀을 반만 부어 한 면만 굽는다.

3 달걀 위에 묵은지를 올리고 달걀을 만다.

4 달걀말이를 팬의 한쪽으로 몰아 놓고 남은 달걀을 부어 도
  톰하도록 만다.

5 1cm 두께로 썰어서 낸다.

오징어 + 부추 + 오이

몸을 따뜻하게 하는 부추와 시원한 오이는 맛도 향도 잘 어울리는
딱짝 재료. 쫄깃한 오징어 요리로 맛과 영양을 더한다.

오이

재래종을 개량한 백오이는 저장성이 좋아 오이지나 오이피클 등의 절임에 좋
다. 끓는 소금물에 오이를 절이면 더 아삭하고 오래 둬도 잘 무르지 않는다.

백오이보다 푸른 취청오이는 잘 무르기 때문에 절임보다 생채로 이용하는 게
좋다. 취청오이보다 더 길고 가시와 주름이 많은 가시오이는 아삭하게 씹히는
맛이 좋아 냉채나 샐러드에 사용한다.

백오이로 소박이를 담그면 오래 익혀 먹어도 맛있고 취청오이나 가시오이로
담그면 많이 익기 전에 먹어야 물러지지 않고 아삭하게 먹을 수 있다.

부추

철분이 많아 빈혈에 좋은 재료. 장을 보호하고 몸을 따뜻하게 한다.

아래 부분이 많이 누런 것은 피하고, 씻을 때 너무 뒤적이면 풋내가 나므로 흐
트러지지 않게 잡고 살살 흔들어 씻는다.

오징어링튀김

- **재료** 오징어 몸통 1마리분, 현미유 2컵
- **튀김옷** 전분 1큰술, 밀가루 1큰술, 달걀 1개, 얼음 5개, 물 2큰술, 소금 조금

+ 만드는 방법

1 오징어는 배를 가르지 말고 링 모양으로 썰어 키친타월로 물기를 닦는다.

2 전분과 밀가루, 달걀, 소금, 얼음을 넣고 물을 조금씩 부어 걸쭉한 튀김옷을 만든다.

3 오징어에 튀김옷을 입혀 달군 기름에 튀겨낸다.

오징어강정

- **재료** 오징어링 튀김 1마리분
- **강정양념** 당근 ¼개, 양파 ¼개, 풋고추 1개, 홍고추 1개, 물 ⅓컵, 간장 3큰술, 물엿 1.5큰술, 다진 마늘 ½큰술, 통깨 ½큰술, 참기름 ⅓큰술

+ 만드는 방법

1 오징어링 튀김을 준비한다.

2 당근과 양파, 풋고추, 홍고추는 잘게 썬다.

3 냄비에 강정양념 재료를 모두 넣고 끓이다가 튀김을 넣고 바짝 조려낸다.

오징어덮밥

+ 재료 오징어 ½마리, 당근 ¼개, 양파 ¼개, 파 1대, 풋고추 1개, 밥 2공기

+ 볶음양념 물 3큰술, 간장 3큰술, 고추장 1.5큰술, 고춧가루 1큰술, 물엿 1큰술, 다진 마늘 1큰술, 참기름 ½큰술

+ 만드는 방법

1 오징어와 당근, 양파를 채 썰고 파와 풋고추는 어슷 썬다.

2 볶음양념 재료를 잘 섞어 달군 팬에 오징어, 채소와 함께 넣고 볶는다.

3 접시에 밥을 담고 볶은 오징어를 올린다.

오징어부추전

+ 재료 오징어 ½마리, 부추 150g, 풋고추 1개, 부침가루 5큰술, 물 ¾컵, 현미유 2큰술

+ 만드는 방법

1 오징어는 작게 썰고 부추는 3~5cm 간격으로 썬다. 풋고추는 어슷 썬다.

2 부침가루에 물을 넣어 걸쭉하게 반죽하고 오징어와 부추, 풋고추를 넣어 잘 섞는다.

3 달군 팬에 기름을 두르고 넓게 펼쳐서 구워낸다.

부추김치

- **재료** 부추 150g, 까나리액젓 3큰술, 고춧가루 3큰술, 설탕 ½큰술

만드는 방법

1 부추는 흐트러지지 않게 잡고 잘 씻어 건져 물기를 뺀다.

2 부추를 볼에 담고 액젓을 뿌려 30분간 절인다.

3 부추를 절인 액젓을 따라내서 설탕과 고춧가루를 잘 섞은 다음 절인 부추에 버무린다.

오이소박이

- **재료** 오이 3개, 부추 20g, 당근 ¼개, 양파 ¼개, 굵은소금 1큰술
- **김치양념** 까나리액젓 1큰술, 새우액젓 ½큰술, 고춧가루 3큰술, 다진 마늘 1큰술, 다진 생강 ½큰술, 설탕 ½큰술, 소금 ⅓큰술

만드는 방법

1 오이는 길이를 3~4등분하고 한쪽에 열십자로 칼집을 낸 뒤에 끓는 소금물을 부어 절인다.

2 충분히 절인 오이는 씻어 물기를 뺀다.

3 부추는 2cm 길이로 썰고 당근과 양파는 채 썬다.

4 볼에 김치양념 재료와 부추, 당근, 양파를 넣고 버무린다.

5 4의 소를 오이의 칼집 속에 넣고 용기에 차곡차곡 담아 익힌다.

연어 + 단호박 + 감자

색부터 화려한 연어와 단호박으로 차리는 화사한 식탁.
씹히는 맛이 부드러워 어린 아이를 위한 밥상으로도 좋다.

연어

연어의 살이 보기 드문 주황색인 것은 아스타잔틴이라는 색소 때문인데 강력한 항산화 성분이다. 바다에서 살던 연어가 얕은 강물의 강한 자외선과 힘든 여행을 이겨낼 수 있는 것이 이 아스타잔틴 덕분. 산란기 직전에 바다에서 잡은 연어가 아스타잔틴 함량이 가장 높아 색도 선명하고 맛과 영양이 뛰어나다.

단호박

단호박은 반으로 가르거나 꼭지 주변으로 구멍을 파서 씨만 빼고 쪄내면 쉽게 껍질을 벗기고 살만 발라낼 수 있다. 조리하기 전에 껍질을 벗겨야 할 때는 반으로 갈라 도마에 엎어 놓고 칼로 쳐내듯 껍질을 벗기면 된다.

발라낸 씨는 버리지 말고 마른 행주로 잘 닦아서 말린 후 껍질을 벗기면 간식이나 안주, 고명으로 요긴하게 쓸 수 있다.

연어덮밥

+ **재료** 연어 200g, 양파 ⅓개, 밥 2공기, 현미유 1큰술, 소금 · 후추 조금씩
+ **볶음양념** 간장 1.5큰술, 물엿 ½큰술, 설탕 ½큰술, 참기름 ½큰술

+ **만드는 방법**

1 연어는 소금과 후추를 살짝 뿌려두고 양파는 채 썬다.

2 달군 팬에 기름 없이 연어를 노릇하게 구워낸다.

3 달군 팬에 기름을 살짝 두르고 채 썬 양파를 먼저 볶다가 볶음양념 재료를 넣고 한 번 더 볶는다.

4 밥 위에 볶은 양파를 담고 연어를 올려 낸다.

연어스테이크

+ **재료** 연어 200g, 허브소금 조금
+ **타르타르소스** 오이피클 ½개, 다진 양파 2큰술, 플레인 요구르트 3큰술, 마요네즈 3큰술, 물엿 1큰술, 레몬즙 1큰술, 소금 조금

+ **만드는 방법**

1 연어는 허브소금을 뿌려 잠시 둔다.

2 피클과 양파를 다지고 다른 재료를 섞어 타르타르소스를 만든다.

3 달군 팬에 기름 없이 연어를 바삭하게 구워 타르타르소스를 곁들여 낸다.

연어조림

+ **재료** 연어 200g
+ **조림양념** 간장 2큰술, 물엿 1큰술, 다진 마늘 ½큰술, 참기름 ½큰술

+ **만드는 방법**

1 달군 팬에 기름 없이 연어를 앞뒤로 굽는다.

2 다 구워지면 조림양념 재료를 잘 섞어 넣고 조린다.

단호박수프

+ **재료** 단호박 1개, 감자 ½개, 양파 ½개, 물 2컵, 우유 2컵, 생크림 ½컵, 밀가루 1큰술, 버터 1큰술, 소금 ½큰술

+ **만드는 방법**

1 단호박은 반을 갈라 씨를 발라내고 껍질을 칼로 쳐서 벗긴 후 작게 썬다. 감자와 양파도 작게 썬다.

2 달군 팬에 버터를 녹여 단호박, 감자, 양파를 볶는다.

3 노릇하게 볶아지면 물을 붓고 뚜껑을 덮어 익힌다.

4 다 익으면 믹서로 간 다음 다시 팬에 넣고 우유, 생크림을 넣고 섞는다.

5 소금으로 간을 하고 밀가루를 체에 쳐서 넣으면서 재빨리 저어 걸쭉하게 만든다.

단호박죽

+ **재료** 단호박 1개, 물 3컵, 찹쌀가루 1큰술, 설탕 ½큰술, 소금 조금
+ **새알심** 찹쌀가루 6큰술, 소금 ⅓큰술, 뜨거운 물 4큰술

+ **만드는 방법**

1 단호박은 갈라서 씨를 뺀 다음 쪄서 살을 발라내고 잘라서 물 2컵을 붓고 끓인다.

2 덩어리가 없도록 잘 으깨지면 물 1컵을 더 부어서 끓인다.

3 새알심 재료를 섞어 익반죽하고 동그랗게 빚는다.

4 2에 찹쌀가루를 넣고 재빨리 저어서 농도를 맞춘다.

5 새알심을 넣고서 끓이다가 소금과 설탕으로 간을 한다.

단호박조림

+ **재료** 단호박 1개, 물 2컵, 간장 2큰술, 물엿 1큰술, 설탕 ½큰술, 참기름 ½큰술

+ **만드는 방법**

1 단호박은 껍질의 지저분한 부분만 칼로 쳐내고 반으로 갈라 씨를 발라낸 후 깍둑 썬다.

2 냄비에 단호박과 물, 간장, 설탕을 넣고 뚜껑을 덮어 익힌다.

3 속까지 다 익었을 때 물엿과 참기름을 넣고 자작하게 조린다.

껍질을 벗긴 밤과 대추를 단호박과 함께 넣고 조리면 색과 맛을 살릴 수 있다.

치즈웨지감자

+ **재료** 감자 2개, 버터 2큰술, 허브소금 조금
+ **치즈소스** 슬라이스치즈 3개, 생크림이나 우유 ½컵

+ **만드는 방법**

1 감자는 도톰하게 채 썰어서 80%만 익을 정도로 살짝 데친다.

2 익은 감자는 물기를 빼고 뜨거울 때 허브소금과 버터를 넣고 섞는다.

3 달군 팬에 감자를 넣고 구워낸다.

4 치즈소스 재료를 팬에 넣고 끓인 후 식혀서 구운 감자에 곁들인다.

감자오믈렛

+ **재료** 감자 1개, 당근 ¼개, 양파 ½개, 달걀 4개, 현미유 2큰술, 소금 조금

+ **만드는 방법**

1 감자와 당근, 양파는 채 썬다.

2 달걀을 풀어 감자, 당근, 양파와 소금을 넣고 잘 섞는다.

3 달군 팬에 기름을 두르고 2를 부은 후 뚜껑을 덮어 익힌다.

낙지 + 시금치 + 무

쓰러진 소도 일으킨다는 낙지와 뽀빠이를 기운 나게 하는
시금치로 차리는 기운 센 밥상.

낙지

지방은 거의 없고 필수아미노산이 풍부한 낙지. 타우린도 풍부해서 피로회복에 좋다.

다리 빨판의 뻘은 밀가루를 뿌려 주물러 씻으면 깨끗이 씻을 수 있다. 굵은소금으로도 깨끗이 씻을 수 있지만 자칫 낙지가 짜질 수 있다.

시금치

철분과 비타민이 풍부한 시금치는 수산이 있어 칼슘의 흡수를 방해하므로 데쳐서 수산을 제거하고 요리하거나 칼슘이 풍부한 음식과 같이 먹는 게 좋다.

시금치 뿌리는 미네랄이 풍부하고 단맛이 많은 부분. 뿌리를 잘라내지 말고 잘 씻어서 같이 조리한다.

연포탕

＋ 재료 낙지 1마리, 무 3cm 두께 1조각, 파 1대, 홍고추 1개, 물 4컵,
소금 조금

＋ 만드는 방법

1 낙지는 깨끗이 씻어 자르고 무는 나박하게 썬다. 파와 홍고
추는 어슷 썬다.

2 냄비에 물을 붓고 무를 넣어 끓인다.

3 손질해 둔 낙지와 파, 홍고추를 넣고 살짝 끓이다 소금으로
간을 한다.

바지락으로 육수로 내서 끓이고 바지락살을 넣으면 더 진하다.

낙지볶음

＋ 재료 낙지 2마리, 양파 ½개, 파 1대, 풋고추 1개, 참기름 ½큰술
＋ 볶음양념 고추장 2큰술, 고춧가루 1큰술, 물엿 1.5큰술, 설탕 ½큰
술, 다진 마늘 1큰술

＋ 만드는 방법

1 낙지는 깨끗이 씻어 길게 자르고 양파는 채 썬다. 파와 풋
고추는 어슷 썬다.

2 볶음양념 재료를 잘 섞은 후 달군 팬에 낙지, 양파, 파, 풋
고추와 함께 넣고 볶는다.

3 다 볶아지면 참기름을 넣어 마무리한다.

시금치낙지잡채

+ **재료** 시금치 1단, 낙지 1마리, 당근 ¼개, 양파 ½개, 당면 30g
+ **낙지양념** 간장 1큰술, 설탕 ½큰술, 다진 마늘 ½큰술, 참기름 ½큰술
+ **당면양념** 간장 2큰술, 설탕 ½큰술
+ **잡채양념** 간장 1큰술, 통깨 ½큰술, 참기름 ½큰술

+ **만드는 방법**

1 시금치와 당면은 각각 끓는 물에 데친다.

2 낙지는 깨끗하게 씻어서 한입 크기로 썰고 당근과 양파는 채 썬다.

3 낙지와 당근, 양파를 낙지양념으로 양념하여 달군 팬에서 볶는다.

4 데친 당면은 다른 팬에서 당면양념을 넣고 볶는다.

5 볶은 당면에 볶은 낙지와 채소, 데친 시금치를 모두 섞어 잡채양념을 넣고 한 번 더 섞는다.

피망이나 파프리카를 채 썰어 함께 볶으면 색이 고운 잡채를 만들 수 있다.

시금치나물

+ **재료** 시금치 ½단, 소금 ⅓큰술, 통깨 ½큰술, 참기름 ½큰술

+ **만드는 방법**

1 시금치는 뿌리 부분에 흙이 남지 않도록 깨끗이 씻는다.

2 끓는 물에 소금을 조금 넣고 시금치를 살짝 데쳐 건진다.

3 소금으로 먼저 간을 한 다음에 통깨와 참기름을 넣어 살살 무친다.

시금치된장국

✚ 재료 시금치 ⅓단, 무 2cm 두께 1조각, 파 1대, 풋고추 1개, 멸치다시마육수 4컵, 된장 2큰술

✚ 만드는 방법

1 시금치는 깨끗이 씻는다. 무는 나박하게 썰고 파와 풋고추는 어슷 썬다.

2 멸치다시마육수에 된장을 풀고 무를 넣어 끓인다.

3 끓어오르면 시금치와 파, 풋고추를 넣고 한소끔 더 끓여낸다.

깍두기

✚ 재료 무 1개, 까나리액젓 3큰술, 고춧가루 5큰술, 설탕 1큰술, 다진 마늘 2큰술, 다진 생강 ½큰술, 굵은소금 4큰술

✚ 만드는 방법

1 무는 지저분한 껍질만 벗기고 깍둑 썰어서 굵은소금을 뿌려 절인다.

2 절인 무를 씻어 건져 까나리액젓, 고춧가루, 설탕, 마늘, 생강을 넣고 버무려 실온에서 하루 정도 익힌다. 부족한 간은 소금으로 한다.

홍합 + 오징어 + 새우

짬뽕에, 떡볶이에, 스파게티에 한두 개씩만 넣어도 요리를
금방 화려하게 변신시키는 해산물 삼총사.

홍합

담백하고 감칠맛이 좋아 다양한 요리에 이용되는 홍합. 산란기인 늦봄에서 여름에는 독소가 있을 수 있고 맛도 떨어진다. 늦겨울에서 초봄까지가 맛이 좋다.

씻을 때는 살이 뜯어지지 않게 입을 꼭 눌러 수염을 떼고, 껍데기에 붙어있는 이물질은 껍질끼리 비벼서 씻으면 잘 떨어진다.

새우

껍질을 벗길 때는 꼬리 쪽 껍질 한 마디만 남기고 껍질과 머리, 꼬리를 뗀다. 이쑤시개로 등의 내장을 꺼내면 보기에도 깨끗하고 먹을 때 지분거리지 않는다.

홍합탕

➕ 재료 홍합 8개, 풋고추 1개, 홍고추 1개, 물 4컵, 소금 조금

➕ 만드는 방법

1 홍합은 깨끗이 씻은 다음 홍합이 잠길 만큼의 물을 붓고 푹 끓인다.

2 풋고추와 홍고추를 어슷 썰어 넣는다.

3 홍합만으로 어느 정도 간이 되니 부족한 간만 소금으로 더 한다.

새우튀김

➕ 재료 새우 10마리, 밀가루 ½컵, 달걀 1개, 빵가루 1컵, 현미유 2컵, 소금·후추 조금씩

➕ 만드는 방법

1 새우는 껍질을 벗기고 소금과 후추를 뿌린다.

2 달걀은 잘 풀어둔다.

3 새우의 물기를 닦은 후 밀가루, 달걀, 빵가루 순으로 튀김 옷을 입힌다.

4 달군 기름에 바삭하게 튀겨낸다.

새우매운탕

+ **재료** 새우 5마리, 양파 ⅓개, 파 ½대, 풋고추 1개, 홍고추 1개, 다시마육수 4컵, 된장 1큰술, 고추장 1큰술, 고춧가루 1큰술, 다진 마늘 1큰술

+ **만드는 방법**

1 새우는 껍질째 깨끗이 씻고 감자는 얇게 썬다. 양파는 채 썰고 파와 풋고추, 홍고추는 어슷 썬다.

2 냄비에 다시마육수를 부어 된장과 고추장을 푼 다음 감자를 넣고 끓인다.

3 끓기 시작하면 새우와 고춧가루, 마늘, 양파, 파, 풋고추, 홍고추를 넣고 한소끔 더 끓여낸다.

애호박과 감자를 얇게 썰어 함께 끓이면 새우 맛이 배어 맛있다.

해물탕

+ **재료** 새우 4마리, 홍합 4개, 오징어 ¼마리, 양파 ⅓개, 파 ½대, 풋고추 1개
+ **볶음양념** 물 4컵, 굴소스 2큰술, 다진 양파 1큰술, 다진 마늘 1큰술, 고춧가루 2큰술, 소금 ⅓큰술, 올리브오일 2큰술

+ **만드는 방법**

1 오징어는 칼집을 내고 한입 크기로 썬다. 새우는 껍질을 벗긴다.

2 양파는 채 썰고 파와 풋고추는 어슷 썬다.

3 달군 냄비에 기름을 두르고 다진 마늘과 다진 양파, 고춧가루를 넣고 볶다가 물을 붓는다.

4 끓어오르면 해물과 채소, 굴소스와 소금을 넣고 끓인다.

우동면을 삶았다가 찬물에 헹군 다음, 완성된 해물탕에 넣고 한소끔 끓이면 해물짬뽕이 된다.

해물볶음

+ **재료** 새우 4마리, 홍합 4개, 오징어 ¼마리, 양파 ½개, 파 ½대
+ **볶음양념** 물 1컵, 토마토케첩 ½큰술, 간장 2큰술, 고추장 1큰술,
고춧가루 1.5큰술, 물엿 2큰술

+ 만드는 방법

1 오징어는 칼집을 내고 한입 크기로 썬다. 새우는 껍질을 벗
긴다.

2 양파는 채 썰고 파는 어슷 썬다.

3 냄비에 볶음양념 재료를 섞어 넣고 끓인다.

4 끓어오르면 해물과 채소를 넣고 조린다.

양념이 끓어오를 때 떡볶이떡을 넣고 익히다가 해물과
채소를 넣으면 해물떡볶이가 된다.

해물고추장볶음

+ **재료** 새우 4마리, 홍합 4개, 오징어 ¼마리, 다진 마늘 1큰술,
다진 양파 1큰술, 다시마육수 ½컵, 간장 1.5큰술, 고추장 1.5큰술,
고춧가루 ½큰술, 물엿 1큰술, 올리브오일 2큰술

+ 만드는 방법

1 오징어는 깨끗이 씻어 칼집을 내고 한입 크기로 썬다. 새우
는 껍질을 벗긴다.

2 달군 냄비에 올리브오일을 두르고 마늘과 양파를 볶다가
해물을 넣고 볶는다.

3 다시마육수를 붓고 간장, 고추장, 고춧가루, 물엿을 넣어 끓인다.

소금을 조금 넣은 물에 스파게티를 삶은 뒤,
완성된 해물고추장볶음에 넣고 한번 더 볶으면 해물고추장스파게티가 된다.

삼겹살 + 오징어 + 브로콜리

오삼으로 불리는 짝꿍인 오징어와 삼겹살에,
부드러운 브로콜리를 더한 밥상.

브로콜리

콜리플라워와 함께 꽃봉오리를 먹는 채소인 브로콜리는 항암작용도 하고 비타민도 풍부하지만 오래 익히면 영양소가 대부분 파괴되니 살짝만 익히는 게 좋다.

딱딱한 줄기는 버리지 말고 살짝 데치거나 생으로 껍질을 벗겨 길게 썰면 채소스틱으로 즐길 수 있다.

오래되면 노랗게 꽃이 피면서 질겨지므로 녹색이 선명한 것, 단단하고 촘촘한 것을 고른다.

삼겹살간장구이

+ **재료** 삼겹살 2줄
+ **고기양념** 간장 4큰술, 물엿 1큰술, 설탕 ½큰술, 다진 마늘 ½큰술, 참기름 ½큰술

+ **만드는 방법**

1 삼겹살은 한입 크기로 자른다.

2 고기양념 재료를 잘 섞어 삼겹살을 30분간 재워둔다.

3 재워둔 삼겹살을 달군 팬에서 구워낸다.

된장보쌈

+ **재료** 통삼겹살 500g, 파 2대
+ **고기삶는 물** 된장 1.5큰술, 양파 ½개, 파 ½대, 마늘 3톨
+ **파채양념** 식초 2큰술, 고춧가루 1큰술, 설탕 ½큰술, 소금 ½큰술, 참기름 ½큰술

+ **만드는 방법**

1 냄비에 통삼겹살과 통삼겹살이 잠길 정도의 물, 된장, 양파, 파, 마늘을 넣고 삶는다.

2 익힌 삼겹살은 얇게 썬다.

3 파를 잘게 채 썰고 파채양념 재료를 잘 섞어 무쳐 삼겹살에 곁들인다.

오삼불고기

+ **재료** 오징어 ½마리, 삼겹살 2줄, 양파 ½개, 파 ½대, 풋고추 1개
+ **불고기양념** 간장 2큰술, 고추장 2큰술, 고춧가루 2큰술, 물엿 2큰술, 다진 마늘 ½큰술, 참기름 ½큰술

+ **만드는 방법**

1 오징어는 칼집을 내서 한입 크기로 썬다. 삼겹살도 한입 크기로 썬다. 양파는 채 썰고 파와 풋고추는 어슷 썬다.

2 불고기양념 재료를 잘 섞어 오징어와 삼겹살에 버무리고 30분에서 1시간 정도 재워둔다.

3 재워둔 오징어와 삼겹살을 볶다가 양파와 파, 풋고추를 넣고 볶아낸다.

오징어간장조림

+ **재료** 오징어 ½마리, 양파 ⅓개, 파 ½대, 풋고추 1개
+ **조림양념** 간장 3큰술, 물엿 1큰술, 설탕 ½큰술, 다진 마늘 ½큰술, 통깨 ½큰술, 참기름 ½큰술

+ **만드는 방법**

1 오징어와 양파, 파, 풋고추는 각각 채 썬다.

2 냄비에 조림양념 재료를 넣어 먼저 끓인 후 오징어와 양파, 파, 풋고추를 넣고 조린다.

오징어볼꼬치

✚ **재료**   오징어 ½마리, 브로콜리 20g, 다진 양
파 1큰술, 밀가루 1큰술, 전분 4큰술, 현미유 1
컵, 소금 조금

✚ **만드는 방법**

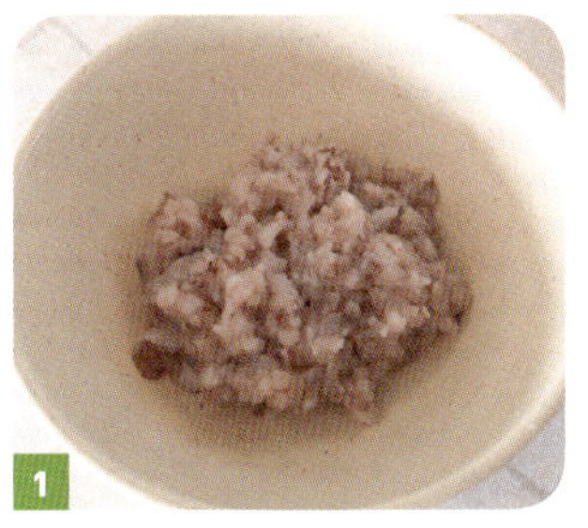

1 오징어는 깨끗이 씻고 잘라서
믹서에 간다.

2 브로콜리는 데쳐서 양파와 함
께 잘게 다져서 간 오징어와
섞고 밀가루와 소금을 넣고
반죽한다.

3 반죽을 동그랗게 빚어서 전분
에 살짝 굴린다.

4 달군 기름에 바삭하게 튀겨
꼬치에 꽂아낸다.

마요네즈, 머스터드 등 즐기는 소스를 곁들인다.

브로콜리달걀말이

✚ 재료 브로콜리 20g, 달걀 3개, 현미유 1큰술, 소금 조금

✚ 만드는 방법

1 브로콜리는 끓는 물에 살짝 데쳐서 잘게 썬다.

2 달걀은 잘 풀어서 소금으로 간을 한다.

3 달군 팬에 기름을 두르고 달걀을 반만 부어 약한 불로 익히다가 잘게 썬 브로콜리를 올리고 돌돌 만다.

4 달걀말이를 팬 한쪽으로 밀고 남은 달걀물을 부어서 도톰하게 만다.

5 1cm 두께로 썰어 낸다.

채소죽

✚ 재료 쌀 2컵, 브로콜리 1개, 당근 ¼개, 닭육수나 다시마육수 12컵, 소금 조금

✚ 만드는 방법

1 쌀은 씻어서 1시간 정도 불리고 살짝 빻는다.

2 냄비에 육수와 쌀을 붓고 죽을 끓인다.

3 브로콜리는 살짝 데쳐서 잘게 다지고 당근은 그대로 잘게 다진다.

4 죽이 거의 익었을 때 데친 브로콜리와 당근, 소금을 넣고 끓여낸다.

브로콜리수프

✚ 재료 브로콜리 100g, 양파 ⅓개, 버터 1큰술, 밀가루 1큰술, 닭육수 2컵, 우유 2컵, 소금 ⅓큰술

✚ 만드는 방법

1 브로콜리는 깨끗이 흔들어 씻어 양파와 함께 작게 자른다.

2 달군 팬에 버터를 녹이고 밀가루를 넣어 볶는다. 연한 갈색 이 나면 양파와 브로콜리를 넣고 볶다가 닭육수를 부어 끓 인다.

3 끓으면 믹서로 갈고 다시 냄비에 부어 우유와 소금을 넣고 걸쭉하게 끓여낸다.

백합조개 + 배추 + 쑥갓

조개요리에는 저렴한 바지락을 많이 쓰지만 모시조개, 백합,
명주조개 등을 이용하면 조금씩 다른 식감과 맛을 즐길 수 있다.

조개 해감 빼는 방법

조개는 바다 속과 비슷한 환경에서 물고 있던 해감을 뱉어내므로 3.5% 염도
의 소금물에 담가 어둡게 두면 된다. 물 한 컵당 ½큰술의 소금을 녹여 조개를
담고 공기가 통할 정도로 위를 덮어 어둡게 두는데 철로 된 물건을 소금물에 넣
어두면 화학작용을 일으켜 조개가 해감을 빨리 뱉는다.

배추

김치로 많이 먹는 배추는 국이나 나물, 쌈이나 전으로도 간단하게 요리할 수
있는 채소이다. 푸른 겉잎은 배추국과 배추전으로, 부드럽고 고소한 속잎은 나
물이나 쌈으로 먹는다. 비타민C와 섬유소 외에도 칼슘과 인도 풍부해 뼈를 튼튼
하게 한다.

조개탕

+ **재료** 백합 400g, 파 ½대, 풋고추 1개, 홍고추 1개, 물 4컵,
굵은소금 조금

+ **만드는 방법**

1 깨끗하게 씻은 백합을 냄비에 넣고 물을 부어 끓인다.

2 파와 풋고추, 홍고추를 어슷 썰어 넣고 굵은소금으로 간을
맞춘다.

조개배추국

+ **재료** 백합 200g, 배춧잎 3장, 파 ½대, 풋고추 1개, 홍고추 1개,
멸치다시마육수 4컵, 된장 1큰술, 국간장 1큰술

+ **만드는 방법**

1 배추는 한입 크기로 썰고 파와 풋고추, 홍고추는 어슷 썬다.

2 냄비에 멸치다시마육수를 붓고 된장을 푼 다음 조개와 배
추를 넣고 끓인다.

3 푹 끓이다가 파와 풋고추, 홍고추를 넣고 부족한 간은 국간
장이나 소금으로 맞춘다.

조개찜

+ **재료** 백합 400g, 풋고추 1개, 홍고추 1개, 다진 마늘 ½큰술, 현미
  유 1큰술
+ **찜양념** 간장 3큰술, 고춧가루 1큰술, 물엿 1큰술, 참기름 ½큰술,
  물 3큰술

+ **만드는 방법**

1 풋고추와 홍고추는 잘게 다진다.

2 달군 팬에 기름을 살짝 두르고 풋고추, 홍고추, 마늘을 볶다
  가 조개를 넣고 살짝 볶는다.

3 뚜껑을 덮고 익힌 후에 찜양념 재료를 잘 섞어 넣고 조린다.

배추겉절이

+ **재료** 배추 ¼통, 굵은소금 5큰술, 깨소금 ½큰술, 참기름 ½큰술
+ **겉절이양념** 고춧가루 6큰술, 멸치액젓 3큰술, 설탕 2큰술,
  다진 마늘 1큰술, 소금 ½큰술

+ **만드는 방법**

1 배추는 부드러운 속잎으로 준비하여 먹기 좋게 손으로 뜯
  고 굵은소금을 뿌려 30~40분간 절인다.

2 겉절이양념 재료를 잘 섞는다.

3 절인 배추는 물에 씻어 건져 물기를 뺀 후 겉절이양념을 넣
  고 버무린다.

4 고춧가루 색이 나면 깨소금과 참기름을 넣고 버무린다.

배추된장무침

+ **재료** 배춧잎 10장
+ **무침양념** 된장 1큰술, 고춧가루 1.5큰술, 다진 마늘 ½큰술, 깨소금 ½큰술, 참기름 ½큰술

+ **만드는 방법**

1 배추는 노란 속잎을 골라 끓는 물에 데쳐서 물기를 꼭 짠다.

2 데친 배추에 무침양념 재료를 넣고 버무린다.

쑥갓나물

+ **재료** 쑥갓 100g, 소금 ½큰술
+ **무침양념** 다진 땅콩 1큰술, 다진 파 1큰술, 다진 마늘 ½큰술, 소금 조금, 통깨 ½큰술, 참기름 ½큰술

+ **만드는 방법**

1 쑥갓은 길지 않게 잘라 소금을 넣은 물에 데쳐낸다.

2 데친 쑥갓은 물기를 짜내고 무침양념을 만들어 버무린다.

쑥갓겉절이

+ **재료** 쑥갓 100g
+ **겉절이양념** 간장 1.5큰술, 식초 1.5큰술, 고춧가루 2큰술, 설탕 ½큰술, 다진 마늘 ½큰술, 통깨 ½큰술, 참기름 ½큰술

+ **만드는 방법**

1 쑥갓은 먹기 좋게 다듬어 자른다.

2 겉절이양념을 만들어 쑥갓과 버무린다.

쑥갓전

+ **재료** 쑥갓 100g, 소금 ½큰술
+ **부침반죽** 부침가루 7큰술, 물 ½컵, 소금 ⅓큰술, 현미유 2큰술

+ **만드는 방법**

1 쑥갓은 소금을 넣고 살짝 데쳐서 잘게 썬다.

2 부침반죽 재료를 잘 섞어 쑥갓을 넣은 다음 달군 팬에 기름
  을 두르고 구워낸다.

고등어 + 시래기 + 묵은지

싱싱한 고등어에 묵은 나물 시래기와 묵은지로 차리는
슬로우 푸드 밥상.

고등어

고등어는 무늬와 광택이 선명하고 눈동자가 맑은 것, 살이 단단하고 탄력이 있는 것으로 고른다.

고등어 요리에 무나 김치를 넣으면 고등어의 비린 맛도 잡고, 무와 김치에 고등어의 감칠맛이 배어 두 가지 요리처럼 즐길 수 있다.

내장이 남아 있으면 고등어가 쉽게 상하므로 대가리, 꼬리, 내장을 모두 떼고 보관, 요리하는 게 깔끔하다. 고등어 대가리는 버리지 말고 무를 조릴 때 넣으면 고등어살이 없어도 감칠맛을 낼 수 있다.

시래기

무청을 말린 시래기는 배추를 말린 우거지와 함께 구수한 맛과 부드러운 질감의 대표적인 겨울나물이다.

시래기는 하루 정도 물에 불렸다가 찬물에 넣고 약한 불에서 두 시간 정도 삶아서 그대로 식힌 후에 조리하면 부드럽다. 삶은 시래기를 구입했다면 한번 데쳐서 사용한다. 삶아서 조금씩 냉동해 두면 요긴하게 쓸 수 있다.

시래기고등어찜

+ **재료** 고등어 1마리, 삶은 시래기 100g, 파 ½대, 멸치다시마육수 1컵
+ **찜양념** 간장 4큰술, 고춧가루 2큰술, 설탕 ⅓큰술, 다진 마늘 ½큰술

+ **만드는 방법**

1 고등어는 토막 낸다. 삶은 시래기는 짧게 자르고 파는 송송 썬다.

2 냄비에 시래기와 고등어, 육수, 파를 넣고 찜양념 재료를 잘 섞어 올린 후 찐다.

묵은지고등어찜

+ **재료** 고등어 1마리, 묵은지 200g
+ **찜양념** 물 1.5컵, 간장 3큰술, 설탕 ½큰술, 다진 파 1큰술, 다진 마늘 1큰술

+ **만드는 방법**

1 찜양념 재료를 잘 섞는다.

2 냄비에 고등어를 통으로 넣고 묵은지도 포기째로 넣은 후 찜양념을 올리고 뚜껑을 덮어 푹 익힌다.

고등어간장조림

+ 재료 고등어 ½마리, 물 ½컵, 간장 3큰술, 물엿 1큰술, 흑설탕 ½큰술, 다진 마늘 1큰술, 통깨 ½큰술

+ 만드는 방법

1 고등어는 토막 내어 냄비에 담고 간장, 흑설탕, 마늘과 물을 넣고 뚜껑을 덮어 조린다.

2 거의 익었을 때 물엿을 넣어 한 번 더 조린 후 통깨를 뿌린다.

시래기볶음

+ 재료 삶은 시래기 100g, 현미유 2큰술
+ 볶음양념 간장 2큰술, 고춧가루 1큰술, 설탕 ½큰술, 다진 파 ½큰술, 다진 마늘 ½큰술, 통깨 ½큰술, 참기름 ½큰술

+ 만드는 방법

1 삶은 시래기는 한입 크기로 자른다.

2 달군 팬에 기름을 두르고 시래기를 볶는다.

3 볶음양념 재료를 잘 섞어 넣고 볶아낸다.

시래기나물밥

+ **재료** 삶은 시래기 200g, 쌀 2컵, 물 1.5컵
+ **양념간장** 간장 3큰술, 고춧가루 ½큰술, 다진 마늘 ½큰술, 다진 파 1큰술, 통깨 ½큰술, 참기름 ½큰술

+ **만드는 방법**

1 쌀을 깨끗이 씻은 후 불리고 삶은 시래기는 짧게 자른다.

2 냄비에 불린 쌀과 물을 담고 시래기를 올려 밥을 안친다.

3 양념간장 재료를 잘 섞어 시래기나물밥에 곁들인다.

시래기무침

+ **재료** 삶은 시래기 200g
+ **무침양념** 간장 1큰술, 된장 1큰술, 고춧가루 1큰술, 다진 마늘 ½큰술, 통깨 ½큰술

+ **만드는 방법**

1 삶은 시래기는 한입 크기로 자른다.

2 무침양념 재료를 잘 섞어 시래기를 넣고 버무려낸다.

시래기된장찌개

+ **재료** 삶은 시래기 100g, 파 ½대, 다시마육수 4컵, 된장 3큰술, 다진 마늘 ½큰술

+ **만드는 방법**

1 삶은 시래기는 짧게 자른다. 파는 송송 썬다.

2 냄비에 다시마육수를 붓고 시래기와 된장을 넣고 끓인다.

3 끓어오르면 파와 마늘을 넣고 한소끔 더 끓인다.

시래기국

+ **재료** 삶은 시래기 100g, 양파 ⅓개, 파 1대, 멸치다시마육수 4컵, 된장 2큰술, 고춧가루 2큰술

+ **만드는 방법**

1 삶은 시래기는 짧게 자른다. 양파와 파는 작게 썬다.

2 냄비에 시래기와 멸치다시마육수를 붓고 된장과 고춧가루를 넣고 끓인다.

3 끓어오르면 양파와 파를 넣고 한소끔 더 끓인다.

닭가슴살 + 감자 + 상추

담백한 닭가슴살에 아삭한 상추,
닭고기 요리에 빠질 수 없는 감자를 더한 건강 밥상.

닭가슴살

닭가슴살은 다이어트, 체력관리, 성장기에 좋은 대표적인 고단백식품. 닭고기 부위 중 가장 지방이 적어 상추나 오이 같은 아삭한 채소와 같이 먹어야 퍽퍽하지 않다. 닭가슴살과 맛이 비슷한 닭안심을 사용하면 좀 더 부드럽게 먹을 수 있다.

상추

가장 많이 먹는 샐러드, 쌈 채소인 상추는 수분과 섬유질이 많을 뿐 아니라 혈액을 맑게 해서 고기를 먹을 때 곁들이면 좋은 재료이다. 많이 먹으면 졸리기도 하지만 그만큼 스트레스와 불면증에 효과가 있다.

데리야키 닭가슴살샐러드

＋ 재료 닭가슴살 300g, 상추 10장, 양파 ½개
＋ 데리야끼소스 간장 2큰술, 물엿 1큰술, 다진 마늘 ½큰술, 참기름 ½큰술

＋ 만드는 방법

1 상추는 깨끗이 씻고 물기를 잘 털어 한입 크기로 자르고 양파는 채 썬다.

2 닭가슴살은 한입 크기로 채 썬다.

3 데리야키소스 재료를 잘 섞어 닭가슴살을 재워둔다.

4 달군 팬에 재워둔 닭가슴살을 굽는다.

5 접시에 상추와 양파를 깔고 구운 닭가슴살을 올려낸다.

채 썬 피망이나 파프리카 등의 다양한 샐러드 채소를 곁들인다.

닭가슴살장조림

＋ 재료 닭가슴살 300g, 마늘 3톨, 월계수잎 2장
＋ 조림양념 물 ½컵, 간장 4큰술, 설탕 ½큰술, 참기름 ½큰술

＋ 만드는 방법

1 냄비에 닭가슴살과 닭가슴살이 잠길 정도의 물을 붓고 월계수잎을 넣어 살짝 익힌 다음 결대로 찢는다.

2 냄비에 조림양념 재료와 찢은 닭가슴살, 마늘을 넣고 뚜껑을 덮어 조린다.

닭가슴살상추쌈밥

+ **재료** 상추 12장, 닭가슴살 50g, 밥 2공기, 현미유 ½큰술
+ **볶음양념** 양파 ⅓개, 고추장 1큰술, 간장 1큰술, 물엿 1큰술, 다진
  마늘 ½큰술, 참기름 ½큰술

+ **만드는 방법**

1 닭가슴살은 잘게 다진다. 상추는 깨끗이 씻어 물기를 뺀다.

2 양파를 잘게 썰어 볶음양념 재료를 넣고 잘 섞는다.

3 달군 팬에 기름을 두르고 닭가슴살을 볶다가 볶음양념을 붓
고 볶아 쌈장을 만든다.

4 밥을 동그랗게 빚어 상추로 쌈을 싸고 닭가슴살 쌈장을 올
린다.

닭가슴살동그랑땡

+ **재료** 닭가슴살 300g, 당근 ¼개, 양파 ⅓개, 다진 파 2큰술, 달걀
  1개, 현미유 3큰술, 소금 · 후추 조금씩

+ **만드는 방법**

1 닭가슴살은 믹서에 갈고, 당근과 양파, 파도 잘게 썬다.

2 닭가슴살, 당근, 양파, 파에 소금과 후추를 넣고 반죽해서
동그랗게 빚은 후 납작하게 누른다.

3 달걀은 잘 풀어둔다.

4 달군 팬에 기름을 두르고 반죽을 달걀에 적셔 구워낸다.

고추장닭가슴살 스테이크

+ **재료**   닭가슴살 300g
+ **고기양념**   간장 2큰술, 고추장 2큰술, 청주 2큰술, 물엿 ½큰술, 설탕 ½큰술, 다진 마늘 ½큰술

+ **만드는 방법**

1 고기양념 재료를 잘 섞어 닭가슴살을 통째로 넣고 30분에서 1시간 정도 재워둔다.

2 달군 팬에 재워둔 닭가슴살을 구워낸다.

닭가슴살채소볶음

+ **재료**   닭가슴살 200g, 감자 1개, 당근 ¼개, 양파 ¼개, 월계수잎 1장, 소금 ½큰술, 통깨 ½큰술, 참기름 ½큰술, 현미유 2큰술

+ **만드는 방법**

1 냄비에 닭가슴살과 닭가슴살이 잠길 정도의 물을 붓고 월계수잎을 넣어 살짝 익힌 다음 결대로 찢는다.

2 감자와 당근, 양파는 채 썬다.

3 달군 팬에 기름을 두르고 감자부터 볶다가 거의 익었을 때 닭가슴살과 당근, 양파를 넣어 볶는다.

4 소금과 통깨, 참기름을 뿌려 살짝 더 볶는다.

치킨카레

＋ 재료 닭가슴살 100g, 감자 1개, 당근 ½개, 양파 ½개, 물 2컵,
카레가루 10큰술, 올리브오일 2큰술

＋ 만드는 방법

1 닭가슴살과 당근, 양파, 감자는 모두 깍둑 썬다.

2 달군 냄비에 올리브오일을 두르고 닭가슴살, 감자, 당근, 양
파 순으로 넣고 볶다가 겉면이 노릇하게 익으면 물을 부어
끓인다.

3 다 익으면 카레가루를 조금씩 넣어 걸쭉하게 끓여 낸다.

상추겉절이

＋ 재료 상추 150g, 통깨 ½큰술, 참기름 ½큰술
＋ 겉절이양념 간장 2.5큰술, 식초 2큰술, 고춧가루 1큰술,
설탕 ½큰술, 다진 마늘 ½큰술

＋ 만드는 방법

1 상추는 깨끗이 씻고 물기를 잘 털어 한입 크기로 자른다.

2 겉절이양념 재료를 잘 섞어 상추와 버무린다.

3 통깨와 참기름을 넣어 한 번 더 버무려낸다.

아귀 + 콩나물 + 미더덕

경남 마산에서 시작되어 전국민의 음식이 된 아귀와 미더덕 요리.
콩나물을 듬뿍 올려 시원하고 아삭한 맛을 더한다.

아귀

탕이나 찜으로 많이 먹는 아귀는 쫀득한 살뿐 아니라 내장, 꼬리, 껍질까지 같이 요리해야 맛있다. 특히 아귀의 간은 다른 동물의 간에 비해서도 비타민A가 아주 풍부하다.

한겨울이 제철이지만 말리거나 얼려서 보관하면 연중 먹을 수 있다.

미더덕

바다 냄새가 가득한 물을 머금고 있어서 톡 터지는 맛과 향이 좋다. 질긴 섬유질 껍질을 벗기고 팔기 때문에 따로 손질할 필요가 없다.

미더덕과 비슷한 오만둥이는 향이 미더덕만 못하지만 씹는 맛이 좋아 미더덕 대신 쓰이기도 한다.

아귀찜

+ **재료** 아귀 500g, 콩나물 100g, 양파 ½개, 파 ½대, 홍고추 1개, 소금 1큰술
+ **찜양념** 물 ½컵, 간장 3큰술, 고춧가루 2.5큰술, 설탕 1큰술, 다진 마늘 1큰술

+ **만드는 방법**

1 아귀는 소금물에 살짝 데쳐서 하루 정도 햇빛에 말린다.

2 찜양념을 잘 섞어 고들고들해진 아귀와 함께 냄비에 넣고 뚜껑을 덮어 끓인다.

3 양파는 채 썰고, 파와 홍고추는 어슷 썬다.

4 아귀가 거의 익었을 때 콩나물과 양파, 파, 홍고추를 넣고 익힌다.

아귀탕

+ **재료** 아귀 300g, 콩나물 100g, 양파 ½개, 파 ½대, 풋고추 1개, 홍고추 1개, 다시마육수 4컵, 된장 1큰술, 국간장 1큰술, 고춧가루 2큰술, 다진 마늘 ½큰술

+ **만드는 방법**

1 아귀는 소금물에 깨끗이 씻는다.

2 양파는 채 썰고 파와 풋고추, 홍고추는 어슷 썬다.

3 냄비에 다시마육수를 붓고 된장을 푼 다음 아귀, 고춧가루, 마늘을 넣고 끓인다.

4 아귀가 거의 익었을 때 콩나물과 양파, 파, 풋고추, 홍고추를 넣는다. 부족한 간은 국간장으로 한다.

미더덕찜

+ **재료** 미더덕 200g, 콩나물 100g, 양파 ¼개, 파 ½개, 풋고추 1개, 현미유 1큰술, 전분 1큰술
+ **찜양념** 간장 2큰술, 멸치액젓 1큰술, 다진 고춧가루 2큰술, 설탕 ½큰술, 마늘 1큰술

+ **만드는 방법**

1 양파는 다지고 파와 풋고추는 어슷 썬다.

2 찜양념 재료를 잘 섞어둔다.

3 달군 팬에 기름을 두르고 다진 양파를 먼저 볶다가 미더덕과 찜양념을 넣고 익힌다.

4 거의 익었을 때 콩나물과 파, 풋고추를 넣고 뚜껑을 덮고 조린다.

5 전분을 물에 개어 넣고 농도를 맞춘다.

미더덕된장찌개

+ **재료** 미더덕 100g, 양파 ⅓개, 파 ½개, 다진 마늘 1큰술, 다시마 육수 4컵, 된장 2큰술, 고춧가루 1큰술

+ **만드는 방법**

1 양파는 채 썰고 파는 어슷 썬다.

2 냄비에 다시마육수를 붓고 된장을 풀어 끓인다.

3 끓어오르면 미더덕과 마늘을 넣고 끓이다가 양파와 파, 고춧가루를 넣고 한 번 더 끓여낸다.

콩나물밥

+ **재료** 콩나물 150g, 당근 ¼개, 쌀 2컵, 물 1.5컵, 파슬리가루 ½큰술
+ **양념간장** 간장 5큰술, 다진 파 2큰술, 다진 마늘 1큰술, 통깨 ½큰술, 참기름 ½큰술

+ **만드는 방법**

1 쌀을 깨끗이 씻어 불리고 당근은 잘게 다진다.

2 솥에 불린 쌀을 넣고 콩나물, 당근, 파슬리가루를 올린 후에 물을 붓고 밥을 안친다.

3 양념간장 재료를 잘 섞어 콩나물밥에 곁들인다.

다진 쇠고기나 버섯, 톳 등을 같이 넣고 밥을 하면 다양한 맛을 즐길 수 있다.

돼지고기 등심 + 유부 + 우엉

돼지고기 중에서 지방이 제일 적은 등심을 이용한 튀김 요리 상차림.
돼지고기 안심을 사용해도 좋은 요리이다.
유부와 우엉 반찬을 곁들여 담백한 맛을 살린다.

유부

콩을 불리고, 갈고, 거르고, 끓여서 굳힌 두부. 이 두부를 다시 튀긴 유부는 다시 데치고 조리는 과정을 거쳐야 먹을 수 있는 재료지만 손이 많이 가는 만큼 독특한 맛을 가진다. 시판 유부는 쌀뜨물에 한번 데쳐서 요리하면 기름이 빠져 맛이 깔끔하다.

우엉

이눌린과 섬유질이 풍부해 신장과 대장에 좋은 음식. 껍질을 벗기면 금방 갈변하므로 식초를 푼 물에 담갔다가 요리한다. 껍질을 까서 파는 것보다 통우엉으로 사서 직접 껍질을 벗겨 쓰는 게 향이 더 좋다.

돼지고기탕수육

+ **재료**　돼지고기 등심 200g, 달걀흰자 1개, 전분 ½컵, 현미유 2컵, 소금 · 후추 조금씩
+ **탕수소스**　당근 ¼개, 양파 ⅓개, 물 ½컵, 간장 2큰술, 식초 1큰술, 물엿 1큰술, 설탕 1큰술, 전분 1큰술

+ 만드는 방법

1 돼지고기는 길게 채 썰어서 소금과 후추로 밑간을 하고 달걀흰자와 전분을 넣고 반죽한다.

2 달군 기름에 반죽을 하나씩 넣고 바삭하게 튀겨낸다.

3 당근과 양파는 한입 크기로 썬다.

4 팬에 물, 간장, 식초, 물엿, 설탕을 넣고 끓이다가 당근과 양파를 넣고 한소끔 더 끓이고 전분을 물에 개어 넣고 걸쭉하게 농도를 맞추어 탕수소스를 만든다.

5 튀긴 돼지고기에 탕수소스를 곁들여 낸다.

소스에 피망이나 파프리카, 버섯 등 다양한 채소를 곁들일 수 있다.

돈가스덮밥

+ **재료**　돼지고기 등심 2장, 밀가루 ½컵, 달걀 2개, 빵가루 1컵, 밥 2공기, 멸치다시마육수 1.5컵, 국간장 1큰술, 파 ⅓대, 양파 ¼대, 소금 · 후추 조금씩, 현미유 2컵

+ 만드는 방법

1 고기는 칼집을 내거나 두드린 후 소금과 후추로 간을 해서 20분간 재워둔다.

2 파와 양파는 채 썰고 달걀 1개를 잘 풀어둔다.

3 재워둔 고기에 밀가루를 묻힌 후 푼 달걀에 담갔다가 빵가루를 손으로 꼭꼭 눌러 단단하게 입힌 다음, 달군 기름에 바삭하게 튀겨낸다.

4 냄비에 멸치다시마육수와 국간장을 넣고 끓이다 파와 양파를 넣고 달걀 1개를 풀어 끼얹는다.

5 4에서 튀긴 돈가스를 넣고 30초만 데쳐 건진 다음, 접시에 밥을 담아 국물을 한 국자 붓고 적신 돈가스를 올린다.

채소돈가스

＋ 재료 돼지고기 등심 2장, 당근 ¼개, 양파 ⅓개, 파슬리가루 조금, 밀가루 ½컵, 달걀 1개, 빵가루 1컵, 소금 · 후추 조금씩, 현미유 2컵

＋ 만드는 방법

돼지고기는 칼집을 내거나 두드린 후 소금과 후추로 간을 해서 20분간 재워둔다.

당근과 양파는 잘게 다져 파슬리가루와 함께 빵가루에 섞는다. 달걀은 잘 풀어둔다.

재워둔 고기는 밀가루를 묻힌 후 달걀에 담갔다가 채소 섞은 빵가루를 손으로 꼭꼭 눌러 단단하게 입힌다.

달군 기름에 바삭하게 튀겨낸다.

피망이나 파프리카 등을 잘게 다져 빵가루에 섞으면 다양한 색감을 낼 수 있다.

사천돈가스

+ **재료** 돼지고기 등심 2장, 밀가루 ½컵, 달걀 1개, 빵가루 1컵, 현미유 2컵, 소금·후추 조금씩
+ **돈가스소스** 물 ½컵, 시판 돈가스소스 4큰술, 토마토케첩 2큰술, 다진 양파 1큰술, 다진 청양고추 1큰술, 청양고춧가루 1큰술, 다진 마늘 ½큰술, 설탕 1큰술, 전분 1큰술, 현미유 1큰술

+ **만드는 방법**

1 돼지고기는 칼로 두드린 후에 소금과 후추로 밑간한다.

2 고기에 밀가루를 묻힌 후 달걀에 적시고 빵가루를 꼭꼭 눌러 입힌 후 달군 기름에 튀겨낸다.

3 달군 냄비에 기름을 두르고 고춧가루와 마늘을 볶다가 양파와 청양고추를 넣고 같이 볶는다.

4 3에 시판 돈가스소스와 토마토케첩, 설탕을 넣고 졸이다가 전분을 물에 개어 넣고 농도를 맞춘다.

5 튀긴 돈가스에 4의 소스를 곁들여낸다.

유부주머니

+ **재료** 유부 8장, 우엉 ½대, 양파 ⅓개, 데친 당면 200g, 식초 1큰술, 간장 5큰술, 설탕 1큰술, 통깨 ½큰술, 참기름 ½큰술, 현미유 2큰술, 데친 부추 조금

+ **만드는 방법**

1 우엉은 채 썰어 식초를 탄 물에 담가 둔다. 양파도 채 썬다.

2 데친 당면은 간장 2큰술을 넣고 먼저 볶는다.

3 팬에 기름을 둘러 우엉과 양파, 간장 3큰술을 넣고 살짝 볶는다.

4 볶아둔 당면을 3에 넣고 설탕, 통깨, 참기름을 넣고 한 번 더 볶는다.

5 유부는 데쳐서 기름기를 뺀다.

6 유부를 4의 잡채로 가득 채우고 데친 부추로 묶는다.

유부돼지고기덮밥

+ **재료** 유부 4장, 돼지고기 등심 100g, 당근 ¼개, 양파 ⅓개, 파 ½대, 밥 2공기, 소금 · 후추 조금씩
+ **조림양념** 다시마육수 ½컵, 간장 3큰술, 설탕 ⅓큰술, 통깨 ½큰술, 참기름 ⅓큰술

+ **만드는 방법**

1 돼지고기는 채 썰어 소금과 후추 간을 한다.

2 유부는 데쳐서 기름기를 빼고 채 썬다. 당근과 양파, 파도 모두 채 썬다.

3 팬에 조림양념 재료를 넣고 끓이다가 돼지고기, 유부와 채소를 넣고 조린다.

4 접시에 밥을 담고 조린 유부를 올린다.

우엉조림

+ **재료** 우엉 100g, 식초물 1큰술
+ **조림양념** 간장 2큰술, 물엿 1큰술, 참기름 ½큰술, 참깨 ½큰술

+ **만드는 방법**

1 우엉은 채 썰어 식초를 탄 물에 5분 정도 담가둔다.

2 팬에 물엿을 제외한 조림양념을 넣고 끓이다가 우엉을 넣고 같이 조린다.

3 마지막에 물엿을 넣어 윤이 나게 조린다.

우엉생채

- **재료** 우엉 200g, 식초 1큰술
- **무침양념** 고추장 2큰술, 고춧가루 1큰술, 식초 1.5큰술, 물엿 1큰술, 다진 파 1큰술, 다진 마늘 1큰술, 통깨 ½큰술, 참기름 ½큰술

+ 만드는 방법

1 우엉은 얇게 채 썰어 식초를 탄 물에 잠깐 담갔다 건진다.

2 무침양념을 만들어 우엉에 버무린다.

통닭 + 감자 + 톳

닭고기에 어울리는 감자에 해조류 톳을 더해 섬유질과 무기질,
시원한 맛을 더한다.

톳

사슴꼬리처럼 생겼다고 녹미채라고도 불리는 톳은 칼슘과 철분 등의 무기질
이 풍부하다.

짙은 갈색의 톳을 끓는 물에 데치면 바로 초록색으로 변하는데 살짝만 데쳐서
톡톡 씹히는 맛을 살려 조리한다.

봄에서 초여름에 나온 것이 연하고 맛있는데 철이 지나면 염장한 톳이나 말린
톳을 구할 수 있다. 염장톳은 소금을 털고 씻은 후 물에 불려 짠맛을 빼고 요리
하고 말린 톳은 물에 불려서 쓰면 된다.

로스트치킨과 웨지감자

+ **재료** 닭 1마리, 감자 2개
+ **치킨양념** 레몬 ½개, 허브소금 1큰술, 올리브오일 2큰술
+ **감자양념** 허브소금 1큰술, 버터 2큰술

+ **만드는 방법**

1 닭의 등은 이쑤시개로 콕콕 찌르고 배와 다리에는 칼집을 낸 후 레몬즙을 뿌려 20~30분간 두었다가 허브소금을 골고루 뿌려서 간을 한 후 올리브오일을 바른다.

2 180도의 오븐에서 30~40분간 굽는다. 닭 크기와 오븐에 따라 다르므로 구워지는 상태를 지켜보며 굽는다.

3 감자는 껍질째 깨끗이 씻어서 도톰하게 채 썰고 반만 익을 정도로 삶는다.

4 감자가 뜨거울 때 허브소금과 버터로 살짝 버무린다.

5 감자는 닭고기를 구울 때 같이 굽거나 190도 오븐에서 25분간 굽는다.

백숙

+ **재료** 닭 1마리, 마늘 5톨, 불린 찹쌀 ½컵, 불린 쌀 ½컵, 소금 조금

+ **만드는 방법**

1 깨끗이 손질한 닭과 마늘, 불린 찹쌀과 쌀을 냄비에 넣고 물을 잠기도록 붓는다.

2 쌀과 닭고기가 다 익을 때까지 끓인다.

3 간할 소금을 곁들여낸다.

매운 감자조림

+ **재료** 감자 2개, 홍고추 1개
+ **조림양념** 물 2컵, 간장 2.5큰술, 고추장 2큰술, 고춧가루 1큰술,
물엿 1큰술, 통깨 조금

+ **만드는 방법**

1 감자는 껍질을 벗겨 납작하게 썰고 홍고추는 어슷 썬다.

2 냄비에 감자와 조림양념 재료를 넣고 뚜껑을 덮어서 익힌다.

3 거의 익었을 때 뚜껑을 열고 조리다가 국물이 자작해지면
홍고추를 넣고 한 번 더 조린다.

톳초무침

+ **재료** 톳 100g, 파 ¼대
+ **무침양념** 고추장 2큰술, 식초 2큰술, 물엿 1큰술, 설탕 ½큰술,
다진 마늘 ½큰술, 소금 ⅓큰술, 참기름 ½큰술

+ **만드는 방법**

1 톳은 물에 씻어서 준비한다. 파는 송송 썬다.

2 무침양념 재료를 잘 섞어 톳, 파와 버무린다.

톳밥

+ **재료** 쌀 2컵, 톳 50g, 물 2컵
+ **양념간장** 간장 2큰술, 다진 마늘 ½큰술, 통깨 ½큰술, 참기름 ½큰술, 설탕 조금

+ **만드는 방법**

1 톳은 물에 씻어서 준비한다.

2 깨끗이 씻은 쌀에 톳을 넣고 물을 부어 안친다.

3 양념간장을 만들어 곁들인다.

참치 + 두부 + 버섯

바다와 들, 산에서 온 단백질 밥상.
쉽게 구할 수 있고 요리하기도 쉬운 재료들이다.

참치

　냉동 참치에 비해 저렴하고 쉽게 구할 수 있어 애용되는 통조림 참치는 생선이지만 닭고기와 비슷하게 담백한 육류의 맛도 있어 다양한 요리에 응용할 수 있다.

　통조림 용기는 환경호르몬에 안전하지 않으므로 캔이 찌그러진 제품은 구입하지 말고, 개봉한 즉시 모두 꺼내서 다른 그릇에 옮겨 보관한다.

버섯

　신의 음식, 산에서 나는 고기, 불로장수의 약, 요정의 화신……. 옛날부터 신비한 별명으로 불려왔던 버섯은 실제로 암과 성인병을 예방해 주는 효능이 있다.

　버섯은 수분을 금방 흡수하므로 향과 맛을 살리기 위해서는 가능한 씻지 말고 행주로 닦아내고, 겉껍질을 벗기지 않는 것이 좋다.

　버섯으로 반찬이나 찌개를 만들 때는 여러 가지 버섯을 섞어 넣으면 감칠맛이 강해진다.

참치김치전

+ **재료** 통조림 참치 150g, 김치 40g, 부침가루 5큰술, 물 5큰술, 현미유 2큰술

+ **만드는 방법**

1 참치는 꼭 짜서 물과 기름을 뺀다.

2 김치를 잘게 썰어 부침가루와 물, 참치를 넣고 반죽한다.

3 달군 팬에 기름을 두르고 반죽을 한 국자씩 떠서 구워낸다.

고추참치

+ **재료** 통조림 참치 150g, 당근 ¼개, 양파 ⅓개, 파 ½대, 홍고추 1개, 다진 마늘 ½큰술, 현미유 2큰술

+ **볶음양념** 간장 ½큰술, 고추장 1큰술, 고춧가루 1큰술, 참기름 조금

+ **만드는 방법**

1 참치는 체에 밭쳐 물과 기름을 뺀다. 당근, 양파, 파, 홍고추는 잘게 썬다.

2 달군 팬에 기름을 두르고 당근, 양파, 파, 홍고추, 마늘을 볶다가 볶음양념 재료를 넣고 볶는다.

3 마지막에 참치를 넣고 한 번 더 볶는다.

참치두부탕수

+ **재료** 통조림 참치 150g, 두부 ¼모, 다진 당근 1큰술, 다진 양파 1큰술, 다진 파 1큰술, 소금 ⅓큰술, 현미유 3큰술
+ **탕수소스** 물 1컵, 간장 1.5큰술, 식초 1큰술, 설탕 2큰술, 양파 ⅓개, 전분 1큰술

✚ 만드는 방법

1. 참치는 꼭 짜서 물과 기름을 뺀다.

2. 두부는 면포에 싸서 물기를 꼭 짜면서 으깨고 채소는 잘게 다진다.

3. 참치, 두부, 채소 다진 것을 섞어 반죽하고 동그랗게 빚는다.

4. 달군 팬에 기름을 두르고 빚은 반죽을 굽는다.

5. 양파를 작게 썰어 냄비에 물, 간장, 식초, 설탕과 함께 넣고 끓이다 전분을 물에 개어 넣고 농도를 맞추어 탕수소스를 만든다.

6. 구운 참치두부에 탕수소스를 곁들여 낸다.

소스에 피망이나 파프리카, 버섯 등 다양한 채소를 곁들일 수 있다.

두부버섯탕수

+ **재료** 두부 ¼모, 버섯 50g, 전분 ½컵, 현미유 1컵, 소금 조금
+ **탕수소스** 당근 ¼개, 양파 ¼개, 간장 2큰술, 물엿 1큰술, 식초 ½
  큰술, 물 ½컵, 다진 마늘 ⅓큰술, 전분 1큰술

+ **만드는 방법**

1 두부와 버섯은 큼직하게 깍둑 썬다. 새송이버섯이나 양송이
  버섯을 쓰면 튀기기 편하다. 당근과 양파는 한입 크기로 썬
  다.

2 두부에 소금을 뿌려 5분간 두었다가 겉면의 물기를 닦는다.

3 두부와 버섯을 전분에 굴려서 달군 기름에 튀겨낸다.

4 팬에 탕수소스 재료를 넣고 끓이다가 전분을 물에 개어 넣고 농도를 맞춘다.

5 튀긴 두부와 버섯을 탕수소스에 버무려 낸다.

소스에 피망이나 파프리카, 버섯 등 다양한 채소를 곁들일 수 있다.

참치두부찌개

+ **재료** 통조림 참치 150g, 버섯 20g, 두부 ¼모, 양파 ⅓개, 파 ½
  대, 홍고추 1개, 다진 마늘 ⅓큰술, 멸치다시마육수 4컵, 국간장 1
  큰술, 고춧가루 1큰술

+ **만드는 방법**

1 참치는 체에 밭쳐 물과 기름을 뺀다. 버섯은 길게 채 썰거
  나 손으로 가닥을 뜯는다. 두부는 납작하게 썰고 양파는 채
  썬다. 파와 홍고추는 어슷 썬다.

2 냄비에 멸치다시마육수, 두부와 참치, 고춧가루를 넣고 끓
  인다.

3 국간장으로 간을 맞추고 버섯과 양파와 파, 홍고추를 넣고 한소끔 더 끓여낸다.

버섯볶음

✚ 재료 버섯 100g, 당근 ¼개, 양파 ⅓개, 다진 마늘 ½큰술, 소금 ½
큰술, 통깨 ½큰술, 참기름 ½큰술, 현미유 2큰술

✚ 만드는 방법

1 버섯은 길게 채를 썰거나 손으로 가닥을 뜯고, 당근과 양파
는 채 썬다.

2 달군 팬에 기름과 마늘을 넣고 볶다가 버섯과 당근, 양파를
넣고 볶는다.

3 소금과 참기름, 통깨를 뿌려낸다.

버섯덮밥

✚ 재료 버섯 100g, 당근 ¼개, 양파 ¼개, 파 ½대, 홍고추 1개, 밥 2
공기, 간장 4큰술, 물엿 1큰술, 다진 마늘 ½큰술, 참기름 ½큰술,
현미유 1큰술

✚ 만드는 방법

1 버섯은 길게 채를 썰거나 손으로 가닥을 뜯는다. 당근, 양
파는 채 썰고 파와 홍고추는 어슷 썬다.

2 달군 팬에 기름과 마늘과 넣고 볶다가 버섯과 채소를 넣고
같이 볶는다.

3 간장, 물엿, 참기름을 넣고 한 번 더 볶는다.

4 접시에 밥을 담고 볶은 버섯을 올린다.

갈치 + 파래 + 무

갈치와 파래로 차리는 바다 밥상.
맛도 부드럽고 칼슘이 풍부해 아이들 식단으로 좋다.

갈치

단백질과 칼슘이 풍부한 갈치. 대개 제주에서 낚시로 잡는 은갈치를 선호하지만 전라도 해안 뻘에서 그물로 잡는 작은 먹갈치도 지방이 많아 고소하다.

파래

철분과 칼슘이 많은 파래는 폴리페놀 성분도 함유해서 항산화효과가 뛰어난 해조류. 자주 먹는 김 대신 말린 파래자반이나 파래김을 이용하면 영양 많은 파래를 자주 먹을 수 있다.

생파래는 물에 담가 흔들어 씻어 건지기를 몇 번 반복하고 꼭 짜서 조리한다.

갈치구이

+ 재료 갈치 2토막, 현미유 3큰술, 굵은소금 조금

+ 만드는 방법

1 갈치에 굵은소금을 뿌리고 칼집을 낸다.

2 달군 팬에서 기름을 두르고 겉면이 바삭하게 구워낸다.

갈치조림

+ 재료 갈치 2토막, 무 3cm 두께 1조각, 양파 ½개, 파 ½대, 홍고추 1개

+ 조림양념 멸치다시마육수 ½컵, 간장 4큰술, 고춧가루 3큰술, 설탕 ½큰술, 다진 마늘 ½큰술

+ 만드는 방법

1 무는 넓적하고 도톰하게 썬다. 양파는 채 썰고 파와 홍고추는 어슷 썬다.

2 냄비에 무를 깔고 갈치를 올린 뒤 조림양념 재료를 잘 섞어 넣고 뚜껑을 덮어 조린다.

3 거의 익었을 때 양파와 파, 홍고추를 넣어 한 번 더 조린다.

갈치찌개

+ **재료** 갈치 2토막, 무 3cm 두께 1조각, 양파 ⅓개, 파 ½대, 풋고추 1개, 다시마육수 4컵
+ **찌개양념** 국간장 4큰술, 새우젓 1큰술, 설탕 ½큰술, 고춧가루 3큰술

+ **만드는 방법**

1 무는 넙적하게 썰고 양파는 채 썬다. 파와 풋고추는 어슷 썬다.
2 냄비에 무를 깔고 갈치를 올린 다음 다시마육수를 붓고 찌개양념 재료를 넣어 끓인다.
3 거의 익었을 때 양파와 파, 풋고추를 넣고 한소끔 더 끓인다.

마지막에 쑥갓을 넣으면 향을 살릴 수 있다.

파래무침

+ **재료** 파래 100g, 무 3cm 두께 1조각, 당근 ¼개, 소금 ½큰술
+ **무침양념** 간장 1큰술, 식초 2큰술, 통깨 ½큰술, 참기름 ½큰술

+ **만드는 방법**

1 파래는 깨끗하게 씻어 꼭 짜고 무와 당근은 채 썰어 소금에 살짝 절인다.
2 무침양념 재료를 잘 섞은 후 파래가 뭉치지 않도록 조금씩 떼어 무, 당근과 같이 버무린다.

파래국

+ 재료 파래 50g, 무 1cm 두께 1조각, 풋고추 1개, 다시마육수 4컵, 국간장 2큰술

+ 만드는 방법

1 파래는 깨끗하게 씻어 꼭 짜고 무는 채 썬다.

2 냄비에 다시마육수를 붓고 무와 파래를 넣고 끓인다.

3 국이 끓으면 풋고추를 넣고 국간장으로 간을 맞춘다.

섞박지

+ 재료 무 1개, 굵은소금 4큰술
+ 김치양념 고춧가루 7큰술, 까나리액젓 4큰술, 새우젓 1큰술, 설탕 1큰술, 다진 마늘 1큰술, 다진 생강 ½큰술

+ 만드는 방법

1 무는 큼직하게 썰어 굵은소금을 뿌려 2시간 정도 절인다. 무청이 붙어있으면 버리지 말고 소금에 살짝 절인다.

2 절인 무는 물에 씻어 건진다.

3 김치양념을 잘 섞어 절인 무와 무청을 넣고 버무려 실온에 서 하루 정도 익힌다.

오리고기 + 버섯 + 부추

불포화지방산이 많은 오리고기와 최고의 궁합인 부추로
차리는 영양 밥상.

오리고기

피부건강과 재생, 해독 효과가 있고 소화도 잘 되어 어린이나 환자에게 좋은
식품. 오리고기는 기름이 거의 반을 차지하는데 대부분의 육류가 포화지방산이
많고 산성식품인 것과 달리 오리고기는 불포화지방산이 많고 알칼리식품이어서
많이 먹어도 성인병이나 비만의 부담이 없다. 오리고기를 구워 나온 기름을 버
리지 말고 김치, 깻잎, 김가루와 함께 밥을 볶으면 색다른 볶음밥으로 즐길 수
있다.

오리고기덮밥

+ **재료** 오리고기 슬라이스 200g, 버섯 100g, 당근 ¼개, 양파 ½개, 파 ½대, 밥 2공기
+ **볶음양념** 간장 3큰술, 고추장 2큰술, 고춧가루 1큰술, 청주 2큰술, 물엿 1큰술, 설탕 ½큰술, 다진 마늘 ½큰술, 참기름 ½큰술

+ **만드는 방법**

1 오리고기는 길쭉하게 썬다. 버섯, 당근, 양파, 파는 한입 크기로 썬다.

2 볶음양념 재료를 잘 섞는다.

3 달군 팬에 오리고기를 먼저 볶는다. 볶을 때 고기에서 빠진 물과 기름을 따라낸다.

4 볶은 고기에 볶음양념과 버섯, 당근, 양파, 파를 넣고 볶는다.

5 접시에 밥을 담고 오리고기볶음을 곁들여낸다.

오리떡갈비

+ **재료** 오리고기 슬라이스 200g, 당근 ¼개, 양파 ¼개, 파 ½대, 간장 2큰술, 설탕 ½큰술, 다진 마늘 ½큰술, 참기름 ½큰술

+ **만드는 방법**

1 오리고기, 당근, 양파, 파는 모두 잘게 다진다.

2 모든 재료를 잘 섞어 반죽해서 동그랗게 빚는다.

3 달군 팬에서 구워낸다.

오리버섯볶음

+ **재료** 오리고기 슬라이스 200g, 버섯 150g, 당근 ¼개, 양파 ½개
+ **볶음양념** 간장 3큰술, 물엿 1큰술, 설탕 ½큰술, 참기름 ½큰술, 통깨 조금

+ **만드는 방법**

1 오리고기와 당근, 양파는 모두 채 썬다. 버섯은 채 썰거나 손으로 갈라둔다.

2 볶음양념 재료를 잘 섞는다.

3 팬에 오리고기부터 볶다가 물과 기름이 나오면 따라낸다.

4 버섯과 채소, 볶음양념을 넣고 같이 볶아낸다.

오리버섯전골

+ **재료** 오리고기 슬라이스 200g, 버섯 150g, 다시마육수 4컵, 국간장 1큰술, 당근 ¼개, 양파 ⅓개, 파 ⅓대, 풋고추 1개
+ **고기양념** 간장 2큰술, 고추장 2큰술, 고춧가루 1큰술, 다진 마늘 ½큰술

+ **만드는 방법**

1 오리고기에 고기양념 재료를 모두 넣고 잘 버무려 20~30분간 재워둔다.

2 버섯은 길게 채를 썰거나 손으로 가닥을 뜯는다. 양파와 당근은 채 썰고 파는 크게 썬다. 풋고추는 어슷 썬다.

3 달군 팬에 재워둔 오리고기를 볶다가 다시마육수를 붓고 끓인다.

4 끓어오르면 버섯과 채소를 넣고 국간장으로 간하여 끓인다.

오리주물럭

+ **재료** 오리고기 슬라이스 200g, 버섯 150g, 당근 ¼개, 양파 ½개, 파 ⅓대, 풋고추 1개
+ **주물럭양념** 간장 3큰술, 고추장 2큰술, 고춧가루 1큰술, 물엿 1큰술, 다진 마늘 ½큰술

+ **만드는 방법**

1 오리고기에 주물럭양념 재료를 모두 넣고 잘 버무려 30분간 재워둔다.

2 버섯은 길게 채를 썰거나 손으로 가닥을 뜯는다. 양파와 당근은 채 썰고 파와 풋고추는 어슷 썬다.

3 달군 팬에 오리고기를 굽다가 버섯과 채소를 넣고 볶는다.

부추겉절이

+ **재료** 부추 200g
+ **겉절이양념** 멸치액젓 2큰술, 고춧가루 1.5큰술, 설탕 ¼큰술, 다진 마늘 ½큰술, 통깨 ½큰술

+ **만드는 방법**

1 부추는 흐트러지지 않게 잡고 잘 씻어 건져 물기를 빼고 한 입 크기로 자른다.

2 겉절이양념 재료를 섞어 넣고 살살 버무린다.

어묵 + 버섯 + 무

어묵과 버섯을 듬뿍 넣어 차리는 감칠맛 밥상.
손질하기 쉬운 재료들로 쉽게 차릴 수 있다.

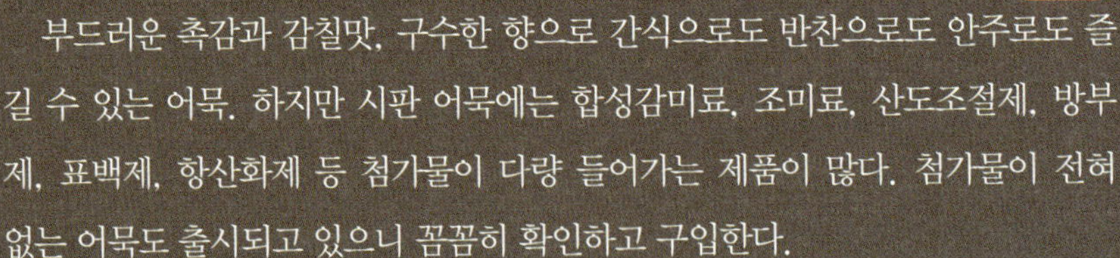

어묵

부드러운 촉감과 감칠맛, 구수한 향으로 간식으로도 반찬으로도 안주로도 즐길 수 있는 어묵. 하지만 시판 어묵에는 합성감미료, 조미료, 산도조절제, 방부제, 표백제, 항산화제 등 첨가물이 다량 들어가는 제품이 많다. 첨가물이 전혀 없는 어묵도 출시되고 있으니 꼼꼼히 확인하고 구입한다.

요리하기 전 끓는 물에 한번 데치면 표면의 산화된 기름도 제거되고 맛도 깔끔하다.

고추장어묵볶음

+ **재료** 어묵 100g, 양파 ½개, 파 ⅓대, 현미유 2큰술
+ **볶음양념** 간장 1큰술, 고추장 1.5큰술, 물엿 1큰술, 다진 마늘 ½큰술, 통깨 조금, 참기름 ½큰술

+ **만드는 방법**

1 어묵은 한입 크기로 썰고 양파와 파는 작게 썬다.

2 달군 팬에 기름을 두르고 어묵을 살짝 볶는다.

3 양파와 파, 볶음양념 재료를 넣고 볶아낸다.

어묵꼬치전골

+ **재료** 어묵 300g, 무 3cm 두께 1조각, 파 ½대, 멸치다시마육수 4컵, 국간장 1큰술, 달걀 1개

+ **만드는 방법**

1 봉어묵은 그대로 꼬치에 끼우고 사각어묵은 접어서 꼬치에 끼운다.

2 무는 큼직하게 썰고 파는 어슷 썬다. 달걀은 삶아둔다.

3 육수에 무를 넣고 끓이다가 어묵꼬치와 파를 넣고 푹 끓인다.

4 국간장으로 간을 하고 삶은 달걀을 반으로 갈라 올린다.

어묵버섯볶음

+ **재료** 어묵 100g, 버섯 150g, 당근 ¼개, 양파 ½개, 현미유 2큰술
+ **볶음양념** 간장 2.5큰술, 물엿 1큰술, 다진 마늘 ½큰술, 통깨 ½큰술, 참기름 ½큰술

+ **만드는 방법**

1 어묵은 한입 크기로 썰고 버섯은 채 썰거나 손으로 가닥을 뜯는다. 당근과 양파는 채 썬다.

2 달군 팬에 기름을 두르고 어묵을 살짝 볶는다.

3 버섯, 당근, 양파와 볶음양념 재료를 넣고 같이 볶는다.

어묵잡채

+ **재료** 어묵 100g, 버섯 100g, 당근 ¼개, 양파 ½개, 현미유 2큰술
+ **잡채양념** 간장 3큰술, 물엿 1큰술, 다진 마늘 ½큰술, 통깨 ½큰술, 참기름 ½큰술

+ **만드는 방법**

1 어묵과 당근, 양파, 버섯은 각각 채 썬다.

2 잡채양념 재료를 잘 섞는다.

3 달군 팬에 기름을 두르고 어묵을 살짝 볶다가 당근, 양파, 버섯과 잡채양념을 넣고 볶는다.

어묵조림

+ **재료** 어묵 100g, 양파 ½개, 풋고추 1개, 다시마육수 ½컵
+ **조림양념** 간장 3큰술, 물엿 1큰술, 다진 마늘 ½큰술, 참기름 ½큰술

+ 만드는 방법

1 어묵, 양파, 풋고추는 한입 크기로 썬다.

2 냄비에 어묵과 다시마육수를 담고 조림양념 재료를 넣고 조린다.

3 잘 조려지면 양파와 풋고추를 넣고 한 번 더 조린다.

어묵탕

+ **재료** 어묵 200g, 버섯 50g, 무 3cm 두께 1조각, 양파 ⅓개, 파 ½대, 풋고추 1개, 멸치다시마육수 4컵, 고춧가루 1큰술, 다진 마늘 ½큰술, 소금 1큰술

+ 만드는 방법

1 어묵과 무, 버섯, 양파는 한입 크기로 썬다. 파와 풋고추는 어슷 썬다.

2 멸치다시마육수에 무를 넣고 끓인다.

3 끓어오르면 어묵과 버섯, 양파, 파, 풋고추, 마늘을 넣고 고춧가루와 소금으로 간을 해서 끓여낸다.

꼬막 + 미나리 + 부추

헤모글로빈을 함유한 꼬막과 해독식품 미나리,
철분이 풍부한 부추로 차리는 향이 강한 상차림.

꼬막

　대부분의 조개가 헤모시아닌을 함유하는데 반해 꼬막은 헤모글로빈을 함유하여 빈혈에 좋은 식품이다. 참꼬막, 새꼬막과 피조개가 모두 꼬막 종류인데 피조개는 알이 커서 주로 회로 먹고 반찬용으로는 참꼬막과 새꼬막을 쓴다. 참꼬막은 껍데기의 골이 크고 깊이 팬 것으로 대부분 자연산이고 새꼬막은 골이 가늘고 얕은 것으로 양식이 많다. 참꼬막의 맛이 월등하지만 새꼬막에 비해 가격이 두세 배 비싸기 때문에 양념을 할 요리에는 새꼬막을 쓰는 것도 좋다.

　꼬막은 푹 익히면 질겨지고 고유의 향이 없어지기 때문에 살짝만 익힌다. 물이 끓으면 찬물을 조금 부어 물을 약간 식힌 후 꼬막을 넣고 몇 개가 입을 벌리면 얼른 건져낸다. 꼬막이 모두 입을 벌릴 때까지 익히면 살이 질기다.

꼬막무침

+ **재료** 꼬막 500g, 미나리 50g, 당근 ¼개, 양파 ½개, 풋고추 1개
+ **무침양념** 간장 2큰술, 식초 1큰술, 고춧가루 2큰술, 설탕 ½큰술, 다진 마늘 ½큰술, 참기름 ½큰술

+ **만드는 방법**

1 꼬막은 살짝 삶아서 살을 발라낸다.

2 미나리는 5cm 길이로 썬다. 당근과 양파는 채 썰고 풋고추는 어슷 썬다.

3 무침양념 재료를 잘 섞어 꼬막과 미나리, 당근, 양파, 풋고추와 무쳐낸다.

꼬막부추전

+ **재료** 꼬막 200g, 부추 50g, 부침가루 7큰술, 물 ½컵, 현미유 3큰술

+ **만드는 방법**

1 꼬막은 살짝 삶아서 살을 발라두고 부추는 3cm 길이로 썬다.

2 꼬막과 부추, 부침가루, 물을 넣고 반죽한다.

3 달군 팬에 기름을 두르고 반죽을 넓게 펴서 구워낸다.

꼬막찜

+ **재료** 꼬막 500g
+ **꼬막양념** 당근 ¼개, 파 ½대, 풋고추 1개, 물 2큰술, 간장 4큰술, 고춧가루 1.5큰술, 설탕 ½큰술, 다진 마늘 ½큰술, 참기름 ½큰술

+ **만드는 방법**

1 꼬막은 살짝 삶아서 껍질 한쪽을 떼어낸다.

2 당근과 파, 풋고추는 잘게 썰어 꼬막양념 재료를 모두 섞는다.

3 삶아둔 꼬막 위에 꼬막양념을 조금씩 올린다.

꼬막탕수

+ **재료** 꼬막 300g, 달걀흰자 1개분, 전분 ½컵, 현미유 1컵
+ **탕수소스** 양파 ⅓개, 물 ½컵, 간장 1큰술, 식초 1큰술, 설탕 1큰술, 전분 1큰술

+ **만드는 방법**

1 꼬막은 살짝 삶아서 살을 발라낸다.

2 꼬막살에 달걀흰자와 전분을 넣고 반죽한다.

3 달군 기름에 바삭하게 튀겨낸다.

4 냄비에 전분을 제외한 탕수소스를 모두 넣고 끓인 후 전분을 물에 개어 넣고 걸쭉하게 농도를 맞춘다.

5 튀긴 꼬막살에 탕수소스를 곁들여낸다.

소스에 피망이나 파프리카, 버섯 등 다양한 채소를 곁들일 수 있다.

미나리나물

＋ 재료 미나리 1단, 참기름 ½큰술, 소금·통깨 조금씩

＋ 만드는 방법

1 미나리는 3~4등분으로 썰고 끓는 물에 소금을 조금 넣어 데친다.

2 물기를 뺀 미나리에 소금, 통깨, 참기름을 넣고 버무린다.

미나리무침

＋ 재료 미나리 1단, 양파 ½개

＋ 무침양념 간장 2큰술, 식초 1.5큰술, 고춧가루 1.5큰술, 설탕 ½큰술, 다진 마늘 ½큰술, 통깨 조금, 참기름 ½큰술

＋ 만드는 방법

1 미나리는 깨끗이 씻어 물기를 빼고 3~4등분으로 썬다. 양파는 채 썬다.

2 무침양념 재료를 잘 섞어 미나리와 양파를 넣고 무친다.

가지 + 도라지 + 고사리

맛도 색도 개성도 강한 우리나라 나물들. 각각 반찬으로
만들었다가 같이 비빔밥에 올려도 맛이 잘 어울린다.

고사리

말린 고사리는 쌀뜨물에 한 시간 정도 불린 후 끓는 물에 삶아 헹구고 물에 서
너 시간 담가 검은 물을 뺀 다음 조리한다. 삶은 고사리를 구입했다면 한번 데쳐
서 사용한다.

도라지

도라지의 껍질은 세로로 칼집을 낸 후 옆으로 돌리면 잘 벗겨진다. 길게 갈라서
채를 내서 조리한다. 도라지채를 구입했다면 굵은 것은 가르고 긴 것은 잘라 크기
를 맞춘다. 굵은소금을 넣고 바락바락 주무른 후 잘 헹궈 쓴맛을 빼고 조리한다.

가지

가지는 기름을 잘 흡수하는데다 지용성인 리놀레산과 비타민E가 풍부해서 기
름으로 조리하는 게 좋다. 미리 익혀서 조리할 때는 물기가 닿지 않게 쪄서 조리
하면 담백한 맛을 살릴 수 있다.

가지무침

+ **재료** 가지 2개
+ **무침양념** 국간장 1큰술, 다진 양파 1큰술, 다진 풋고추 1큰술, 다진 마늘 ½큰술, 통깨 ½큰술, 참기름 ½큰술, 소금 조금

+ **만드는 방법**

1 가지는 길이를 반으로 자르고 4등분한 뒤 껍질을 아래로 놓고 찐다.

2 무침양념 재료를 잘 섞는다.

3 찐 가지를 길게 찢어 무침양념으로 무친다.

가지전

+ **재료** 가지 1개, 부침가루 5큰술, 밀가루 2큰술, 물 ½컵, 현미유 3큰술
+ **깨간장** 간장 2큰술, 통깨 ½큰술, 참기름 ⅓큰술

+ **만드는 방법**

1 가지는 동그랗게 썬다.

2 부침가루와 밀가루에 물을 섞고 걸쭉한 반죽을 만든다.

3 달군 팬에 기름을 두르고 가지에 밀가루를 살짝 묻힌 후 반죽을 입혀 구워낸다.

가지볶음

+ **재료** 가지 2개, 양파 ⅓개, 현미유 2큰술, 소금 조금
+ **볶음양념** 간장 1.5큰술, 설탕 ½큰술, 다진 마늘 ½큰술, 통깨 ½큰술, 참기름 ½큰술

+ **만드는 방법**

1 가지는 길게 썰어서 소금물에 5~10분간 절였다가 물에 씻은 후 물기를 꼭 짠다.

2 양파는 채 썬다.

3 달군 팬에 기름을 두르고 가지와 양파, 볶음양념 재료를 넣어 볶는다.

피망이나 파프리카를 채 썰어 함께 볶으면 색과 식감을 살릴 수 있다.

고사리나물

+ **재료** 삶은 고사리 300g, 현미유 2큰술
+ **무침양념** 간장 4큰술, 다진 마늘 ½큰술, 통깨 ½큰술, 참기름 ½큰술, 소금 조금

+ **만드는 방법**

1 삶은 고사리는 데쳐서 길지 않게 자른다.

2 무침양념 재료를 잘 섞어 고사리에 넣고 버무린다.

3 달군 팬에 기름을 두르고 양념한 고사리를 볶아낸다.

도라지나물

+ **재료** 도라지채 100g, 소금 ½큰술, 현미유 2큰술
+ **무침양념** 다진 파 1큰술, 다진 마늘 ½큰술, 깨소금 ½큰술, 참기름 ½큰술

+ **만드는 방법**

1 도라지는 소금으로 박박 문질러 씻은 후 데친다.

2 무침양념 재료를 잘 섞어 데친 도라지를 버무린다.

3 팬에 기름을 두르고 양념한 도라지를 볶아낸다. 부족한 간은 소금으로 한다.

도라지무침

+ **재료** 도라지채 100g, 양파 ½개, 풋고추 1개, 소금 ½큰술
+ **무침양념** 간장 1큰술, 고추장 2큰술, 고춧가루 1큰술, 식초 2큰술, 물엿 1큰술, 설탕 ½큰술, 다진 마늘 ½큰술, 참기름 ½큰술

+ **만드는 방법**

1 채 썬 도라지는 소금으로 박박 문질러 씻는다. 양파는 채 썰고 풋고추는 어슷 썬다.

2 무침양념 재료를 잘 섞어 도라지와 양파, 풋고추를 넣고 버무린다.

북어채 + 무 + 미역줄기

시원한 북어채와 무에, 쫄깃하고 고소한 미역줄기 반찬을
곁들인 아침 밥상.

북어

해장국에 많이 사용되는 북어는 간의 활동을 도와 알코올을 해독하여 숙취해
소에 좋고 시력 보호에도 효과가 있다.

북어대가리에 감칠맛 성분이 많으므로 버리지 말고 육수를 낼 때 이용한다.

미역줄기

해조류는 동양인의 건강비결 중 하나. 미역줄기에도 엽산과 식이섬유, 요오드
가 풍부하다.

염장미역줄기는 소금을 털어서 잘 씻고 물에 30분간 담가 짠맛을 빼고 요리
한다. 너무 오래 담가두면 감칠맛도 빠진다. 살짝 데쳐서 요리하면 부드럽고, 식
초를 넣어 양념하면 더 꼬들꼬들하게 즐길 수 있다. 짠맛이 남아있어 간은 거의
안 해도 된다.

북어국

+ 재료 북어채 100g, 무 2cm 두께 1조각, 파 ½대, 다시마육수 4컵, 달걀 1개, 소금 ½큰술, 참기름 1큰술

+ 만드는 방법

1 북어채는 물에 5분간 불린다.

2 무는 나박하게 썰고 파는 송송 썬다.

3 냄비에 참기름을 두르고 북어채와 무를 충분히 볶다가 다시마육수를 붓고 끓인다.

4 소금으로 간을 한 다음 달걀을 잘 풀어 넣고 파를 올려낸다.

북어조림

+ 재료 북어채 100g, 양파 ½개, 파 ½대
+ 조림양념 간장 2큰술, 고추장 2큰술, 고춧가루 2큰술, 물엿 1큰술, 설탕 ½큰술, 다진 마늘 ½큰술, 통깨 ½큰술, 참기름 ½큰술

+ 만드는 방법

1 북어채는 물에 불리고 양파와 파는 채 썬다.

2 조림양념 재료를 잘 섞어 북어채를 무친다.

3 달군 팬에 무친 북어채와 양파, 파를 넣고 볶아낸다.

무생채

+ **재료** 무 10cm 두께 1조각, 고춧가루 1큰술, 참기름 ½큰술, 깨소금 ½큰술, 소금 1큰술

+ **만드는 방법**

1 무는 곱게 채 썰어 소금을 뿌리고 1~2분 절인 후 나온 물을 따라낸다.

2 절인 무에 고춧가루, 참기름, 깨소금을 넣고 버무린다. 부족한 간은 소금으로 한다.

미역줄기볶음

+ **재료** 미역줄기 200g, 당근 ¼개, 양파 ⅓개, 다진 마늘 ½큰술, 깨소금 ½큰술, 참기름 ½큰술, 현미유 2큰술, 소금 조금

+ **만드는 방법**

1 미역줄기는 길지 않게 자르고 당근과 양파는 채 썬다.

2 달군 팬에 기름을 살짝 두르고 마늘을 볶다가 미역줄기를 넣고 볶는다.

3 거의 볶았을 때 양파와 당근을 넣고 깨소금과 참기름으로 마무리한다.

4 부족한 간은 소금으로 맞춘다.

미역줄기무침

+ **재료** 미역줄기 100g, 양파 ¼개, 풋고추 1개
+ **무침양념** 고추장 2큰술, 간장 1큰술, 식초 2큰술, 물엿 1큰술, 다진 마늘 ½큰술, 참기름 ½큰술

+ **만드는 방법**

1 미역줄기는 길지 않게 잘라 데친다.

2 양파는 채 썰고 풋고추는 어슷 썬다.

3 무침양념 재료를 잘 섞어 데친 미역줄기와 양파, 풋고추와 버무린다.

고등어 + 달래 + 무

알싸한 달래와 시원한 무를 곁들여
비린 맛을 잡고 향을 더한 고등어 상차림.

달래

봄을 알리는 봄나물 중 하나인 달래. 요즘엔 하우스재배로 연중 먹을 수 있지만 그래도 초봄에 자생한 달래가 가장 맛이 좋다. 초봄, 달래가 제철일 때 여러 가지 요리에 마늘 대신 달래를 넣으면 알싸한 향과 함께 봄을 느낄 수 있다.

달래는 뿌리에 붙어 있는 흙을 잘 씻어야 지분거리지 않는다. 매운 달래를 생으로 먹을 때는 구운 김을 곁들이면 매운 맛도 덜 하고 맛도 잘 어울린다.

고등어무조림

+ **재료** 고등어 ½마리, 무 3cm 두께 1조각, 양파 ⅓개, 파 ½대, 풋고추 1개
+ **조림양념** 물 1컵, 간장 3큰술, 고추장 2큰술, 고춧가루 1큰술, 설탕 ½큰술, 다진 마늘 ½큰술

+ **만드는 방법**

1 고등어는 토막을 내고 무는 조금 두껍게 썬다. 양파는 채 썰고 파와 풋고추는 어슷 썬다.

2 조림양념 재료를 잘 섞는다.

3 냄비에 무를 깔고 고등어와 조림양념, 양파, 파, 풋고추를 넣어 뚜껑을 덮고 조린다.

4 거의 익었을 때 뚜껑을 열고 자작하게 조린다.

고등어구이

+ **재료** 고등어 1마리, 카레가루 2큰술, 전분 1큰술, 현미유 2큰술

+ **만드는 방법**

1 고등어를 반으로 갈라 소금에 절여 두었다가 카레가루와 전분을 뿌린다.

2 달군 팬에 기름을 두르고 겉면이 바삭하게 구워낸다.

Tip
고등어의 비린내를 없애기 위해서는 쌀뜨물, 우유, 식초, 맥주에 재우면 된다.

고등어강정

+ 만드는 방법

1 고등어는 반으로 갈라서 먹기 좋게 토막을 내고 카레가루를 푼 물에 담가 냄새를 없앤다.

2 고등어에 전분을 묻히고 달군 팬에 기름을 둘러 노릇하게 구워낸다.

3 강정양념 재료를 잘 섞어 구운 고등어에 붓고 조린다.

고갈비

- **재료** 고등어 ½마리, 파 ½대, 현미유 2큰술
- **고갈비 양념** 간장 1큰술, 고추장 1큰술, 고춧가루 1큰술, 물엿 1큰술, 물 2큰술, 다진 마늘 ½큰술

+ 만드는 방법

고갈비양념 재료를 잘 섞고 파는 송송 썬다.

달군 팬에 기름을 두르고 고등어를 굽는다.

구운 고등어에 고갈비양념을 발라서 한 번 더 굽고 송송 썬 파를 올려 낸다.

달래고등어찌개

+ **재료** 고등어 1마리, 달래 80g, 무 2cm 두께 1조각, 파 ½대, 멸치
다시마육수 4컵, 국간장 2큰술, 된장 1큰술, 고춧가루 1큰술

+ **만드는 방법**

1 고등어는 토막 내고 달래는 깨끗이 씻는다. 무는 나박하게
  썰고 파는 송송 썬다.

2 냄비에 무를 깔고 고등어를 올린 다음 멸치다시마육수를
  붓고 된장을 풀어 끓인다.

3 끓어오르면 국간장, 고춧가루, 파를 넣는다.

4 거의 익었을 때 달래를 넣고 마무리한다.

달래된장국

+ **재료** 달래 50g, 무 1cm 두께 1조각, 양파 ⅓개, 파 ½대, 멸치다시
마육수 4컵, 된장 2큰술

+ **만드는 방법**

1 달래는 깨끗이 씻어 물기를 빼고 무는 나박하게 썬다. 파와
  양파는 큼직하게 썬다.

2 뚝배기에 멸치다시마육수와 무를 넣고 된장을 풀어 끓인
  다.

3 끓어오르면 달래와 파, 양파를 넣고 한소끔 더 끓인다.

달래무침

+ **재료** 달래 100g, 무 2cm 두께 1조각, 소금 ½큰술
+ **무침양념** 간장 3큰술, 식초 2큰술, 설탕 ½큰술, 참기름 ½큰술

+ **만드는 방법**

1 달래는 깨끗이 씻어 물기를 빼고 무는 채 썰어 소금물에 5
  분간 절인 후 건진다.
2 무침양념 재료를 잘 섞어 무와 달래를 넣고 버무린다.

바지락 + 새우살 + 청경채

바지락과 새우, 아삭한 청경채로 차리는 시원한 밥상.
청경채와 새우살이 있으면 중화풍 요리도 쉽게 만들 수 있다.

바지락

우리나라에서 가장 많이 먹는 조개인 바지락은 간장 기능을 활발하게 하고 조혈 작용도 한다. 해감을 깔끔하게 빼야 지분거리지 않는다. 바지락을 데친 물은 걸러서 조개육수로 사용하면 감칠맛을 낼 수 있는데 조개의 염분이 있으므로 간을 조금 약하게 해야 한다.

청경채

중국배추의 한 종류인 청경채는 향과 맛이 부드럽고 연해서 양념을 강하게 하는 요리에 잘 쓰인다.

양배추, 배추, 청경채 등 단단한 잎채소에는 칼슘이 많이 들어 있어서 성장기 어린이나 노인 식단에 자주 이용하는 것이 좋다.

청경채굴소스볶음

＋ 재료 새우살 50g, 바지락 50g, 청경채 100g, 양파 ½개, 굴소스 4
큰술, 다진 마늘 ½큰술, 참기름 ½큰술, 현미유 1큰술

＋ 만드는 방법

1 바지락은 데쳐서 살을 발라둔다.

2 청경채는 한 잎씩 떼고 깨끗이 씻어 물기를 뺀다. 양파는
채 썬다.

3 달군 팬에 기름을 두르고 마늘과 새우살, 바지락을 넣고 볶
는다.

4 청경채와 양파를 넣고 굴소스와 참기름을 뿌려 한 번 더 볶
는다.

깐쇼새우

＋ 재료 새우살 200g, 달걀 1개, 전분 5큰술, 물 2큰술, 현미유 2컵
＋ 깐쇼소스 양파 ⅓개, 풋고추 1개, 홍고추 1개, 물 1컵, 굴소스 1큰
술, 물엿 2큰술, 전분 1큰술

＋ 만드는 방법

1 전분에 달걀을 풀어 넣고 물을 조금 부어 튀김옷을 만든다.

2 새우살에 튀김옷을 입혀 달군 기름에 두 번 튀겨낸다.

3 양파와 풋고추, 홍고추를 잘게 썰어 냄비에서 볶다가 물과
굴소스, 물엿을 넣고 끓인다.

4 3에 전분을 물에 개어 넣고 걸쭉하게 농도를 맞춘 뒤 튀긴
새우살을 넣고 조린다.

깐풍새우

+ 재료 새우살 200g, 달걀흰자 1개분, 전분 ½컵, 현미유 2컵, 소금 조금

+ 깐풍소스 양파 ⅓개, 풋고추 1개, 홍고추 1개, 고추기름 1큰술, 물 1컵, 간장 4.5큰술, 물엿 3큰술, 설탕 1큰술, 전분 1큰술

+ 만드는 방법

1 새우살은 소금으로 밑간을 한다.

2 양파와 풋고추, 홍고추는 잘게 썬다.

3 밑간한 새우살에 달걀흰자와 전분을 넣어 반죽해서 달군 기름에 튀겨낸다.

4 달군 팬에 고추기름을 두르고 양파, 풋고추, 홍고추를 넣고 볶다가 물을 부어 끓인다.

5 4에 간장과 물엿, 설탕을 넣고 졸이다가 전분을 물에 개어 넣고 농도를 맞추어 깐풍소스를 만든다.

6 튀긴 새우살을 깐풍소스에 넣고 조린다.

바지락무침

+ 재료 바지락 150g, 당근 ¼개, 양파 ½개

+ 무침양념 간장 2큰술, 고추장 2큰술, 고춧가루 2큰술, 식초 3큰술, 물엿 1큰술, 설탕 ½큰술, 다진 마늘 ½큰술, 참기름 ½큰술

+ 만드는 방법

1 바지락은 데쳐서 살을 발라두고 양파와 당근은 채 썬다.

2 무침양념 재료를 잘 섞어 바지락과 채소를 넣고 무쳐낸다.

채 썬 깻잎을 곁들여도 맛이 잘 어울린다.

바지락파전

+ **재료** 바지락 100g, 파 2대, 부침가루 1컵, 물 ¾컵, 현미유 2큰술

+ **만드는 방법**

1 바지락은 데쳐서 살을 발라두고 파는 채 썬다.

2 부침가루와 물을 섞어 반죽하고 바지락을 섞는다.

3 달군 팬에 기름을 두르고 반죽, 파, 반죽 순으로 올려 부친다.

청경채무침

+ **재료** 청경채 100g, 양파 ½개
+ **무침양념** 간장 2큰술, 식초 2큰술, 고춧가루 2큰술, 설탕 ½큰술, 다진 마늘 ½큰술, 통깨 ½큰술, 참기름 ½큰술

+ **만드는 방법**

1 청경채는 한 잎씩 떼고 깨끗이 씻어 물기를 뺀다. 양파는 채 썬다.

2 무침양념 재료를 잘 섞어 청경채와 양파에 넣고 무쳐낸다.

닭가슴살 + 양상추 + 양배추

지방이 거의 없는 닭가슴살은 튀김이나 샐러드에 잘 어울린다.
담백하지만 조금 퍽퍽한 닭가슴살에
아삭한 양상추와 양배추를 곁들인 깔끔한 밥상.

양상추

익혀서 잘 먹지 않는 채소인 양상추는 아삭아삭하고 시원한 맛이 좋아 샐러드, 샌드위치, 냉채 요리에 두루 쓰인다. 시든 겉잎을 미리 떼지 말고 랩이나 비닐로 싸서 보관하면 속잎은 싱싱하게 보관할 수 있다.

양배추

칼슘과 칼슘 흡수를 돕는 비타민K가 모두 풍부하고, 우리나라에 흔한 질병인 위궤양에 좋은 비타민U를 많이 함유하고 있어 상비해 두고 자주 먹으면 좋은 재료. 생으로 먹을 때는 최대한 곱게 채 썰어야 질기지 않고 아삭함을 즐길 수 있다.

케이준샐러드

＋ 재료 닭가슴살 2쪽, 양상추 60g, 양배추 30g, 양파 ⅓개, 밀가루 1컵, 달걀 1개, 빵가루 2컵, 파슬리가루 ½큰술, 현미유 2컵, 소금 조금

＋ 허니머스타드드레싱 마요네즈 5큰술, 연겨자 2큰술, 식초 1큰술, 레몬즙 1큰술, 꿀 1큰술

＋ 만드는 방법

1 닭가슴살은 도톰하게 채 썰고 소금을 뿌려 밑간한다. 양상추는 한입 크기로 손으로 뜯고, 양배추와 양파는 채 썬다.

2 허니머스터드드레싱 재료를 잘 섞는다.

3 달걀은 잘 풀어두고 빵가루에 파슬리가루를 섞어둔다.

4 닭가슴살에 밀가루, 달걀, 빵가루 순으로 옷을 입혀 달군 기름에 튀겨낸다.

5 채소와 튀긴 닭가슴살에 드레싱을 곁들여 낸다.

피망이나 파프리카를 채 썰어 곁들이면 화려하게 연출할 수 있다.

닭가슴살냉채

＋ 재료 닭가슴살 2쪽, 양배추 2장, 양상추 2장, 당근 ¼개, 양파 ½개, 월계수잎 2장

＋ 땅콩소스 땅콩가루 5큰술, 올리브오일 2큰술, 식초 2큰술, 꿀 1큰술, 연겨자 1큰술, 소금 조금

＋ 만드는 방법

1 냄비에 닭가슴살과 닭가슴살이 잠길 정도의 물을 붓고 월계수잎을 넣어 살짝 익힌 다음 결대로 찢는다.

2 양상추와 양배추, 양파, 당근은 모두 채 썬다.

3 땅콩소스 재료를 잘 섞는다.

4 채 썬 채소와 닭가슴살을 땅콩소스와 곁들여낸다.

깻잎이나 오이 등의 다양한 채소를 채 썰어 더하면 좋다.

닭가슴살덮밥

+ 재료 닭가슴살 2쪽, 양파 ⅓개, 파 ½대, 홍고추 1개, 밥 2공기, 고춧가루 1큰술, 굴소스 2큰술, 물엿 ½큰술, 현미유 2큰술

+ 만드는 방법

1 닭가슴살은 한입 크기로 썰고 양파와 파, 홍고추는 작게 썬다.

2 팬에 기름을 두르고 고춧가루를 넣고 볶다가 닭가슴살을 넣고 볶는다.

3 닭가슴살이 거의 익었을 때 양파, 파, 홍고추와 굴소스, 물엿을 넣고 볶는다.

4 접시에 밥을 담고 볶음을 올려낸다.

팝콘치킨

+ 재료 닭가슴살 2쪽, 밀가루 1컵, 달걀 1개, 빵가루 2컵, 파슬리가루 ½큰술, 현미유 1컵, 소금 · 후추 조금씩

+ 만드는 방법

1 닭가슴살은 깍둑 썰어 소금과 후추를 뿌리고 5~10분간 둔다.

2 달걀은 잘 풀어둔다. 빵가루에 파슬리가루를 섞어둔다.

3 재워둔 닭가슴살에 밀가루를 묻힌 후 달걀에 담갔다가 빵가루를 입힌다.

4 달군 기름에 바삭하게 튀겨낸다.

깐풍기

✚ 만드는 방법

1. 닭가슴살에 소금과 후추로 밑간을 한다.

2. 밑간한 닭가슴살에 달걀과 전분을 넣고 반죽한다.

3. 달군 기름에 닭가슴살을 바삭하게 두 번 튀겨낸다.

4. 양파는 다지고 마늘은 편으로 썬다. 홍고추는 송송 썬다.

5. 팬에 기름을 두르고 양파와 마늘, 홍고추를 넣고 먼저 볶다가 깐풍소스 재료를 모두 넣어 끓인 후 튀긴 닭가슴살을 넣고 조린다.

치킨가스

+ 재료 닭가슴살 2쪽, 밀가루 1컵, 달걀 1개, 빵가루 2컵, 현미유 2컵, 소금 · 후추 조금씩

+ 만드는 방법

1 닭가슴살은 납작하게 반으로 포를 뜨고 소금과 후추를 뿌려 재워둔다. 달걀은 잘 풀어둔다.

2 재워둔 닭가슴살에 밀가루를 묻힌 후 달걀에 담갔다가 빵가루를 입힌다.

3 달군 기름에 바삭하게 튀겨낸다.

양상추샐러드

+ 재료 양상추 150g

+ 간장드레싱 다진 양파 ½큰술, 다진 파 ½큰술, 다진 마늘 ½큰술, 간장 3큰술, 설탕 ½큰술, 통깨 ½큰술, 참기름 ½큰술

+ 만드는 방법

1 양상추는 먹기 좋게 찢어서 찬물에 담갔다가 건져 물기를 뺀다.

2 간장드레싱 재료를 잘 섞어 손질한 채소에 곁들인다.

피망이나 파프리카 등의 다른 샐러드 채소를 다양하게 곁들이면 좋다.

도토리묵 + 상추 + 오이

부드러운 도토리묵에 아삭한 상추와 오이를 곁들이는 시원한 요리.

도토리묵

도토리의 떫은맛을 내는 타닌은 적당히 먹으면 설사를 멎게 하고 혈관을 튼튼히 한다. 도토리의 아콘산은 중금속 해독 효능이 있어 해독음식으로도 각광받는다.

도토리묵을 멸치다시마육수에 말아 국수나 밥으로 요리하면 정겨운 시골밥상을 차릴 수 있다. 육수에 얼음을 띄워 시원하게 말아도 되고 따뜻하게 말아도 좋다.

도토리묵말랭이는 도토리묵을 길쭉하게 썰어서 바구니나 김발에 가지런히 널고 뒤집어가며 2~3일 정도 그늘에서 말려 만든다. 뜨거운 물에 30분간 담갔다가 사용하면 도토리묵과는 다른 쫄깃한 맛을 즐길 수 있다.

도토리묵국수

+ 재료 도토리묵 1모, 김치 50g, 구운 김 ½장, 달걀 1개, 멸치다시마육수 2컵

+ 양념간장 간장 3큰술, 고춧가루 1큰술, 설탕 ⅓큰술, 다진 파 ½큰술, 깨소금 ⅓큰술, 참기름 ½큰술

+ 만드는 방법

1 도토리묵과 김치, 김은 채 썰고 달걀은 지단을 부쳐 채 썬다.

2 그릇에 도토리묵을 담고 멸치다시마육수를 부은 후 김치와 김, 지단을 올리고 양념간장을 만들어 곁들인다.

묵밥

+ 재료 도토리묵 ½모, 오이 ¼개, 김치 50g, 구운 김 ½장, 밥 2공기, 멸치다시마육수 3컵

+ 양념간장 간장 3큰술, 고춧가루 1큰술, 설탕 ⅓큰술, 다진 파 ½큰술, 깨소금 ⅓큰술, 참기름 ½큰술

+ 만드는 방법

1 도토리묵과 오이, 김치, 김은 채 썬다.

2 그릇에 밥을 담고 멸치다시마육수를 붓는다.

3 채 썬 묵과 오이, 김치, 김을 올리고 양념간장을 만들어 곁들인다.

도토리묵무침

+ **재료** 도토리묵 1모, 상추 100g, 양파 ⅓개, 풋고추 1개
+ **무침양념** 간장 4.5큰술, 식초 1큰술, 고춧가루 1.5큰술, 설탕 ½큰술, 다진 마늘 ½큰술, 통깨 ½큰술, 참기름 ½큰술

+ **만드는 방법**

1 묵과 상추는 한입 크기로 썰고 양파는 채 썬다. 풋고추는 어슷 썬다.

2 무침양념 재료를 잘 섞어 묵과 채소를 넣고 무친다.

묵말랭이볶음

+ **재료** 도토리묵말랭이 100g, 당근 ¼개, 양파 ⅓개, 현미유 1큰술
+ **볶음양념** 간장 3큰술, 물엿 1큰술, 설탕 ⅓큰술, 다진 마늘 ½큰술, 통깨 ½큰술, 참기름 ½큰술

+ **만드는 방법**

1 묵말랭이는 뜨거운 물에 30분간 담갔다 건진다.

2 당근과 양파는 채 썬다.

3 볶음양념 재료를 잘 섞는다.

4 달군 팬에 기름을 두르고 묵말랭이를 먼저 볶다가 당근과 양파, 볶음양념을 넣고 볶아낸다.

채 썬 피망이나 파프리카를 함께 볶으면 색감을 살릴 수 있다.

묵말랭이두루치기

+ **재료** 도토리묵말랭이 100g, 양파 ⅓개, 파 ½대, 풋고추 1개
+ **두루치기양념** 간장 2큰술, 고추장 1큰술, 고춧가루 1.5큰술, 물엿 1큰술, 설탕 ½큰술, 통깨 ½큰술, 참기름 ½큰술

+ **만드는 방법**

1 묵말랭이는 뜨거운 물에 30분간 담갔다 건진다.

2 양파는 채 썰고 파와 풋고추는 어슷 썬다.

3 두루치기양념 재료를 잘 섞어 묵말랭이와 무친다.

4 달군 팬에서 양념한 묵말랭이를 볶다가 양파와 파, 풋고추를 넣고 한 번 더 볶아낸다.

도토리묵샐러드

+ **재료** 도토리묵말랭이 50g, 도토리묵 ½모, 상추 5장, 오이 1개
+ **간장드레싱** 간장 2.5큰술, 식초 1큰술, 설탕 ½큰술, 통깨 ½큰술, 다진 마늘 ½큰술, 참기름 ½큰술

+ **만드는 방법**

1 묵말랭이는 뜨거운 물에 30분간 담갔다 뜨거운 물에 살짝 데쳐 건지다.

2 도토리묵과 상추, 오이는 한입 크기로 썬다.

3 채소 위에 도토리묵과 묵말랭이를 올리고 간장드레싱을 곁들인다.

다양한 색의 피망이나 파프리카를 곁들이면 더욱 좋다.

오이무침

✚ 재료 오이 1개, 굵은소금 ½큰술, 고추장 1큰술, 고춧가루 1큰술, 파 ½대, 다진 마늘 ½큰술, 깨소금 ½큰술, 참기름 ½큰술

✚ 만드는 방법

1 오이는 어슷 썰어서 굵은소금을 뿌려 15분간 절인다. 파는 송송 썬다.

2 소금에 절인 오이는 물에 씻어 물기를 꼭 짠다.

3 오이에 고추장, 고춧가루, 깨소금, 파와 마늘을 넣어 무친다.

4 참기름을 넣고 한 번 더 무쳐낸다.

동태 + 무 + 두부

동태와 무로 차리는 얼큰 시원한 밥상.
두부를 곁들여 부드러운 맛을 더한다.

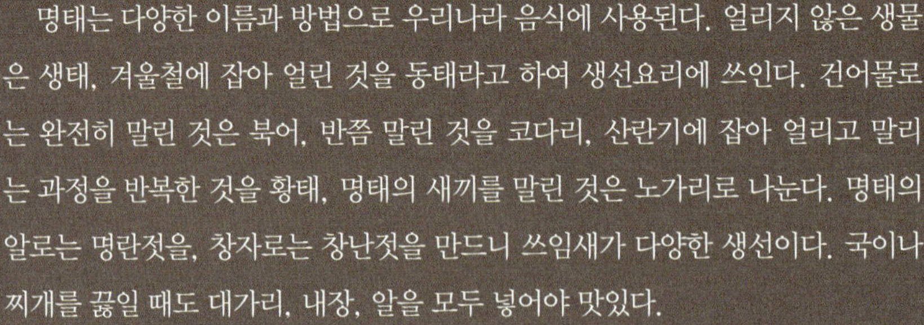

동태

　명태는 다양한 이름과 방법으로 우리나라 음식에 사용된다. 얼리지 않은 생물은 생태, 겨울철에 잡아 얼린 것을 동태라고 하여 생선요리에 쓰인다. 건어물로는 완전히 말린 것은 북어, 반쯤 말린 것을 코다리, 산란기에 잡아 얼리고 말리는 과정을 반복한 것을 황태, 명태의 새끼를 말린 것은 노가리로 나눈다. 명태의 알로는 명란젓을, 창자로는 창난젓을 만드니 쓰임새가 다양한 생선이다. 국이나 찌개를 끓일 때도 대가리, 내장, 알을 모두 넣어야 맛있다.

　기후가 변하면서 우리나라 근해에서는 거의 사라져 대부분 일본산이나 러시아산이 유통된다.

동태국

+ **재료** 동태 300g, 무 3cm 두께 1조각, 파 ½대, 홍고추 1개, 다시마 육수 4컵, 국간장 2큰술, 소금 조금

+ **만드는 방법**

1 무는 나박하게 썰고 파와 홍고추는 어슷하게 썬다.

2 냄비에 다시마육수를 붓고 무를 넣어 끓인다.

3 물이 끓으면 동태를 넣고 국간장과 소금으로 간을 하여 끓인다.

4 동태가 익으면 파와 홍고추를 넣고 한소끔 더 끓인다.

동태찌개

+ **재료** 동태 300g, 무 3cm 두께 1조각, 두부 ½모, 파 ½대, 양파 ⅓개, 풋고추 1개
+ **찌개양념** 다시마육수 4컵, 고추장 1큰술, 된장 1큰술, 고춧가루 3큰술, 소금 1큰술

+ **만드는 방법**

1 동태는 토막 내고 무와 두부는 나박하게 썬다. 양파는 채 썰고 파와 풋고추는 어슷 썬다.

2 다시마육수에 고추장과 된장을 풀어 무를 넣고 끓인다.

3 끓어오르면 동태와 고춧가루를 넣고 끓인다.

4 거의 익었을 때 두부와 양파, 파, 풋고추를 넣고 한소끔 더 끓여낸다. 부족한 간은 소금이나 국간장으로 한다.

동태조림

+ **재료** 동태 300g, 무 3cm 두께 1조각, 풋고추 1개
+ **조림양념** 다시마육수 ½컵, 간장 7큰술, 물엿 1큰술, 설탕 ½큰술, 고춧가루 3큰술, 다진 마늘 ½큰술

+ **만드는 방법**

1 무는 넙적하게 썰고 풋고추는 어슷 썬다.

2 조림양념 재료를 잘 섞어 동태를 재워둔다.

3 냄비에 무를 깔고 양념한 동태를 올린 후 뚜껑을 덮어 조린다.

4 거의 익었을 때 풋고추를 올려서 한 번 더 조린다.

두부달걀말이

+ **재료** 두부 ¼모, 달걀 3개, 다진 파 1큰술, 다진 당근 1큰술, 다진 양파 1큰술, 소금 ½큰술, 현미유 1큰술
+ **깨간장** 간장 2큰술, 다진 마늘 ⅓큰술, 통깨 ½큰술, 참기름 ⅓큰술

+ **만드는 방법**

1 두부는 1cm 두께로 길게 썬다.

2 달걀을 풀어 잘게 다진 채소를 넣고 소금으로 간을 한다.

3 달군 팬에 기름을 두르고 달걀을 부어 한 면만 굽는다.

4 길게 썰어둔 두부를 올리고 돌돌 만다.

5 한입 크기로 썰고 깨간장을 만들어 곁들인다.

두부부침

+ 재료 두부 1모, 달걀 1개, 파 ½대, 현미유 2큰술

+ 만드는 방법

1 두부는 납작하게 썰어서 소금물에 5분간 담갔다 건져 물기를 닦는다.

2 달걀을 잘 풀어 파를 다져 섞는다.

3 달군 팬에 기름을 두르고 두부에 달걀을 입혀 구워낸다.

두부두루치기

+ 재료 두부 ½모, 양파 ½개, 파 ½대, 풋고추 1개, 현미유 2큰술
+ 두루치기양념 다시마육수 ½컵, 간장 3큰술, 고추장 2큰술, 물엿 1큰술, 참기름 ½큰술

+ 만드는 방법

1 두부는 소금물에 담갔다가 건져 물기를 닦은 후 달군 팬에 기름을 두르고 앞뒤로 노릇하게 굽는다.

2 양파는 채 썰고 파와 풋고추는 어슷 썬다.

3 두루치기양념 재료를 잘 섞어 구운 두부에 붓고 양파와 파를 올리고 조린다.

새우살 + 오징어 + 홍합살

가장 쉽고 저렴하게 구할 수 있는 해물의 조합.
냉동실에 상비해두면 흔히 먹는 간단한 음식도
푸짐하게 만들어 준다.

냉동 해물

인스턴트 어묵 대신 오징어나 새우살을 갈아서 채소와 함께 반죽하고 굽거나 튀겨내면 훨씬 더 고소하고 깔끔한 맛을 즐길 수 있다. 해물을 갈아서 조리할 때에는 곱게 갈지 말고 살짝만 갈아야 씹히는 맛이 있다.

새우살은 양식된 수입산에 비해 국산의 맛이 월등하므로 양을 조금 줄이더라도 국산을 이용해야 새우의 맛이 제대로 난다. 자연산 새우살은 내장이나 모래가 지분거릴 수 있으니 잘 손질해서 쓴다.

새우전

+ 재료 새우살 300g, 당근 ¼개, 양파 ¼개, 파 ¼대, 소금 ½큰술, 밀가루 3큰술, 달걀 1개, 현미유 3큰술

+ 만드는 방법

1 새우살은 믹서에 갈아 놓고 당근과 양파, 파는 잘게 다진다.

2 다진 재료에 밀가루와 달걀을 섞고 소금을 넣어 차지게 반죽한다.

3 반죽을 랩으로 싸서 원기둥 모양으로 만든 후 냉동실에 넣고 3시간 정도 굳힌다.

4 모양이 잡힌 반죽을 썰어 밀가루를 묻히고 잘 푼 달걀에 적신다.

5 달군 팬에 기름을 두르고 굽는다.

오징어동그랑땡

+ 재료 오징어 ½마리, 당근 ¼개, 양파 ¼개, 파 ¼대, 밀가루 2큰술, 달걀 1개, 현미유 2큰술, 소금 · 후추 조금씩

+ 만드는 방법

1 오징어는 씹는 맛이 있을 정도로 믹서에 살짝 간다. 당근과 양파, 파는 잘게 다진다.

2 오징어, 당근, 양파, 파에 밀가루, 달걀, 소금, 후추를 섞고 반죽을 한다.

3 달군 팬에 기름을 두르고 조금씩 떠서 노릇하게 구워낸다.

새우가스

+ 재료 새우살 300g, 당근 ¼개, 양파 ¼개, 파 ¼대, 소금 ⅓큰술, 전분 3큰술, 밀가루 1컵, 달걀 1개, 빵가루 2컵, 파슬리가루 ½큰술, 현미유 2컵

+ 만드는 방법

1. 새우살은 다지고 당근, 양파, 파는 잘게 썬다.

2. 새우살과 채소에 소금과 전분을 넣고 반죽한다.

3. 동그랗게 빚은 후 납작하게 눌러 모양을 잡는다.

4. 3의 반죽에 밀가루를 묻힌 후 달걀을 잘 풀어 입힌다.

5. 빵가루에 파슬리가루를 섞어 4의 반죽에 입힌다.

6. 달군 기름에 튀겨낸다.

오징어볼조림

- **재료** 오징어 ½마리, 당근 ¼개, 양파 ¼개, 파 ¼대, 전분 5큰술, 소금 ⅓큰술, 현미유 2큰술
- **조림양념** 간장 3큰술, 청주 2큰술, 물엿 1큰술, 다진 마늘 1큰술, 참기름 ½큰술

만드는 방법

1 오징어는 믹서에 갈고 당근, 양파, 파는 다져서 전분과 소금을 넣어 반죽한다.

2 반죽을 둥글게 빚어 달군 팬에 기름을 두르고 굴리면서 굽다.

3 팬에 조림양념 재료를 넣고 졸이다가 오징어볼을 넣고 같이 조린다.

홍합조림

- **재료** 홍합살 150g
- **조림양념** 간장 2큰술, 물엿 ½큰술, 설탕 ½큰술, 참기름 ½큰술, 통깨 ½큰술

만드는 방법

1 조림양념 재료를 잘 섞는다.

2 냄비에 홍합과 조림양념을 넣고 볶다가 간이 배게 오래 조린다.

오징어소시지

+ 만드는 방법

1 오징어는 믹서에 갈고 당근, 양파, 파는 다진다.

2 오징어와 당근, 양파, 파를 섞고 소금을 넣어 반죽한다.

3 반죽을 랩으로 싸서 넣고 소시지 모양으로 빚고 냉동실에 3시간 정도 얼린다.

4 달군 팬에 기름을 두르고 구워낸다.

해물두루치기

+ **재료** 홍합살 100g, 새우살 100g, 오징어 ½마리, 당근 ¼개, 양파 ½개, 파 ½대, 풋고추 1개
+ **두루치기양념** 간장 3큰술, 고추장 2큰술, 고춧가루 2큰술, 물엿 1큰술, 설탕 ½큰술, 다진 마늘 ½큰술, 참기름 ½큰술

+ **만드는 방법**

1 오징어는 칼집을 내고 한입 크기로 썬다. 당근과 양파는 채 썰고 파와 풋고추는 어슷 썬다.

2 두루치기양념 재료를 잘 섞어 홍합살, 새우살, 오징어를 재 워둔다.

3 달군 팬에 재워둔 해물을 먼저 넣고 볶다가 채소를 넣고 볶아낸다.

해물잡채

+ **재료** 홍합살 100g, 새우살 100g, 오징어 ½마리, 삶은 당면 100g, 당근 ¼개, 양파 ⅓개, 간장 5큰술, 설탕 1큰술, 통깨 ½큰술, 참기름 ½큰술, 현미유 2큰술

+ **만드는 방법**

1 오징어, 당근, 양파는 모두 채 썬다.

2 삶은 당면은 간장 1큰술과 설탕 ½큰술을 넣고 먼저 볶는다.

3 다른 팬에 기름을 두르고 해물과 채소를 넣고 간장 4큰술, 설탕 ½큰술 넣고 볶다가 당면을 넣고 같이 볶는다.

4 통깨와 참기름을 넣고 마무리한다.

채 썬 피망이나 파프리카를 더하면 색을 돋울 수 있다.

조기 + 감자 + 콩나물

기운을 돋우는 조기와 피로를 풀어주는 콩나물로 차리는 보양식.
환자식으로도 좋다.

조기

　조기라는 이름은 한자로 기운을 돕는다는 뜻. 이름 그대로 원기회복에 도움이
되는 생선이다.

　노란빛이 도는 참조기가 백조기보다 맛이 좋다. 소금에 절이고 해풍에 말려
굴비로도 만들고 참조기 어린 것으로 젓갈을 담아 황석어젓으로도 먹는다. 요즘
은 냉동보관 덕분에 굴비도 많이 짜지 않기 때문에 조기와 같은 방법으로 요리
해서 먹을 수 있다. 구울 때는 비늘을 벗기지 말고 바삭하게 구워야 맛있고 물로
요리할 때는 비늘을 벗기는 게 깔끔하다.

콩나물

　콩의 풍부한 단백질과 지방에 섬유질과 비타민이 더해진 콩나물. 대가리와 꼬
리를 떼지 말고 조리해야 풍부한 영양소를 모두 섭취할 수 있다. 삶을 때는 찬물
에 넣고 뚜껑을 덮은 다음, 끓여서 익히고 건져야 아삭하다.

조기구이

+ **재료** 조기 2마리, 굵은소금 ½큰술, 레몬즙 1큰술

+ **만드는 방법**

1 조기에 굵은소금을 뿌리고 칼집을 낸다.

2 레몬즙을 뿌린 후 그릴에 구워낸다.

조기찜

+ **재료** 조기 2마리, 양파 ¼개, 풋고추 1개
+ **찜양념** 간장 3큰술, 설탕 ½큰술, 고춧가루 1큰술, 다진 마늘 ½ 큰술

+ **만드는 방법**

1 조기에 칼집을 낸다. 양파는 채 썰고 풋고추는 다진다.

2 조기 위에 양파, 풋고추를 올리고 찜양념 재료를 잘 섞어 끼얹은 후 쪄낸다.

조기매운탕

- **재료** 조기 2마리, 감자 1개, 콩나물 100g, 양파 ⅓개, 파 ½대, 풋고추 1개, 다시마육수 4.5컵
- **매운탕양념** 된장 1큰술, 고추장 1큰술, 고춧가루 2큰술, 소금 ½큰술, 다진 마늘 ½큰술

＋ 만드는 방법

1 감자와 양파는 넙적하게 썰고 파는 크게, 풋고추는 어슷 썬다.

2 냄비 바닥에 감자를 깔고 조기를 올린 후 다시마육수와 매운탕양념 재료를 잘 섞어 넣고 끓인다.

3 콩나물, 양파, 파, 풋고추를 넣고 한소끔 더 끓이면서 부족한 간은 소금으로 한다.

조기감자조림

- **재료** 조기 1마리, 감자 1개
- **조림양념** 다시마육수 1컵, 간장 3큰술, 고추장 2큰술, 설탕 ½큰술, 다진 마늘 ½큰술

＋ 만드는 방법

1 조기에 칼집을 내고 감자는 두툼하게 썬다.

2 냄비 바닥에 감자를 깔고 조기를 올린 후 조림양념 재료를 잘 섞어 넣고 뚜껑을 덮어 끓인다.

감자수제비

＋ 재료 감자 2개, 밀가루 2컵, 멸치다시마육수 5컵, 파 ½대, 소금 ½큰술

＋ 만드는 방법

1 감자 1개를 강판에 갈아서 밀가루, 소금 조금을 넣고 반죽한다.

2 다른 감자 1개는 나박하게 썰고 파는 어슷 썬다.

3 멸치육수에 썰어 놓은 감자를 넣고 끓인다.

4 감자반죽으로 수제비를 떼어 넣는다.

5 소금으로 간을 하고 파를 넣어 마무리한다.

콩나물무침

＋ 재료 콩나물 150g

＋ 무침양념 고춧가루 1.5큰술, 다진 마늘 1큰술, 소금 ½큰술, 통깨 ½큰술, 참기름 1큰술

＋ 만드는 방법

1 콩나물을 찬물에 넣고 삶는다.

2 콩나물을 건져 물기를 빼고 무침양념 재료를 넣어 무쳐낸다.

돼지갈비 + 감자 + 얼갈이배추

얼갈이배추를 푸짐하게 곁들여 외식하는 기분 내는 돼지갈비 한상.

돼지갈비

요리하기 전 찬물에 두 시간 정도 담가 핏물을 빼야 맛과 모양이 깔끔하다. 돼지갈비 요리의 포인트는 생강즙. 돼지고기의 누린내를 잡고 깊은 맛을 내는 역할을 한다. 다진 생강을 넣으면 매운 생강이 씹히거나 빨리 탈 수 있으니 생강을 강판에 갈아 즙을 짜서 넣는 게 좋다.

얼갈이배추

싱싱하고 감칠맛이 좋은 얼갈이배추는 비타민C와 섬유질이 풍부하다. 보통 배추에 비해 저장성이 떨어지므로 싱싱할 때 요리해서 바로 먹어야 풋풋한 맛을 즐길 수 있다.

돼지갈비찜

- **재료** 돼지갈비 800g, 감자 2개, 당근 ½개, 양파 ½개, 파 ½대, 풋고추 1개, 홍고추 1개
- **돼지갈비 삶는 물** 양파 ½개, 파 ½대, 풋고추 1개, 커피가루 1큰술
- **갈비양념** 간장 9큰술, 물엿 1큰술, 흑설탕 1.5큰술, 다진 마늘 1큰술, 다진 양파 1큰술, 생강즙 1큰술, 참기름 1큰술

+ 만드는 방법

돼지갈비는 찬물에 2시간 정도 담가 핏물을 제거한다. 냄비에 돼지갈비와 돼지갈비가 잠길 정도의 물을 붓고 양파와 파, 풋고추, 커피가루를 넣어 반 정도만 익히고 건진다.

냄비에 돼지갈비 삶은 물 ½컵을 붓고 양념한 돼지갈비와 감자를 넣고 끓인다. 감자가 반쯤 익었을 때 나머지 채소를 넣고 뚜껑을 덮어 푹 조린다.

갈비양념 재료를 잘 섞어 삶은 돼지갈비에 양념해서 30분간 재워둔다. 감자와 당근은 큼직하게 잘라 모서리를 둥글린다. 양파는 채 썰고 파와 풋고추, 홍고추는 어슷 썬다.

매운 돼지갈비찜

+ **재료** 돼지갈비 800g, 감자 2개, 당근 ½개, 양파 ½개, 파 ½대, 풋고추 1개, 홍고추 1개
+ **돼지갈비 삶는 물** 양파 ½개, 파 ½대, 풋고추 1개, 커피가루 1큰술
+ **갈비양념** 간장 5큰술, 고추장 3큰술, 고춧가루 2큰술, 물엿 5큰술, 설탕 1큰술, 다진 마늘 1큰술, 생강즙 1큰술, 참기름 ½큰술

+ **만드는 방법**

1 돼지갈비는 찬물에 2시간 정도 담가 핏물을 제거한다.

2 냄비에 돼지갈비와 돼지갈비가 잠길 정도의 물을 붓고 양파와 파, 풋고추, 커피가루를 넣어 반 정도만 익히고 건진다.

3 갈비양념 재료를 잘 섞어 삶은 돼지갈비를 30분 재워둔다.

4 감자와 당근은 큼직하게 잘라 모서리를 둥글린다. 양파는 채 썰고 파와 풋고추, 홍고추는 어슷 썬다.

5 냄비에 돼지갈비 삶은 물 ½컵을 붓고 양념한 돼지갈비, 감자를 넣고 끓인다.

6 감자가 반쯤 익었을 때 나머지 채소를 넣고 뚜껑을 덮어 푹 조린다.

감잣국

+ **재료** 감자 1개, 양파 ⅓개, 파 ½대, 풋고추 1개, 멸치다시마육수 4컵, 고춧가루 1큰술, 다진 마늘 1큰술, 소금 ½큰술

+ **만드는 방법**

1 감자는 한입 크기로 썰고 양파는 채 썬다. 파는 크게 썰고 풋고추는 어슷 썬다.

2 냄비에 멸치다시마육수를 붓고 감자, 고춧가루, 마늘, 소금을 넣고 끓인다.

3 거의 익었을 때 양파와 파, 풋고추를 넣고 한소끔 더 끓인다.

얼갈이겉절이

+ **재료** 얼갈이배추 200g
+ **겉절이양념** 멸치액젓 2큰술, 설탕 ½큰술, 다진 마늘 ½큰술, 파 ½대, 통깨 ½큰술, 고춧가루 2큰술

+ **만드는 방법**

1 얼갈이배추는 깨끗이 씻어 먹기 좋은 크기로 손으로 뜯는다.

2 겉절이양념을 만들어 가볍게 버무린다.

얼갈이무침

+ **재료** 얼갈이배추 200g
+ **무침양념** 고추장 2큰술, 설탕 ½큰술, 참기름 ½큰술, 통깨 ½큰술, 다진 파 1큰술

+ **만드는 방법**

1 얼갈이배추는 끓는 물에 데쳐서 한입 크기로 썬다.

2 무침양념 재료를 잘 섞어 데친 얼갈이배추와 버무린다.

얼갈이된장무침

+ **재료** 얼갈이배추 200g
+ **무침양념** 된장 1.5큰술, 참기름 ½큰술, 통깨 ½큰술, 다진 마늘 ½큰술, 다진 파 ½큰술

+ **만드는 방법**

1 얼갈이배추는 끓는 물에 데쳐서 한입 크기로 썬다.

2 무침양념 재료를 잘 섞어 데친 얼갈이배추와 버무린다.

쇠고기 불고기감 + 표고버섯 + 우엉

감칠맛이 풍부한 재료들로 차린 식사.
손님이나 어른에게 대접하기 좋은 점잖은 밥상이다.

표고버섯

동양에서는 표고버섯이 불로장생의 약으로 오랫동안 사랑받았는데 실제로 항암과 항바이러스 효과가 있다. 감칠맛을 내는 구아닐산이 풍부해 조미료의 역할도 한다.

생표고버섯은 씹는 맛이 좋지만 금방 상해서 대부분 말려서 사용한다. 햇볕에 말린 표고버섯은 칼슘의 흡수를 도와 뼈와 이를 튼튼하게 하는 비타민D의 전구체가 가장 풍부한 재료. 건조시설에서 열로 건조한 것은 햇볕에 건조한 것보다 비타민D가 훨씬 적은데 집에서 햇볕에 조금 더 말리는 것이 좋다. 재배와 건조 방법, 모양에 따라 백화고, 흑화고, 동고, 향고, 향신으로 등급이 나뉜다.

말린 표고버섯을 불릴 때는 찬물에 천천히 불려야 감칠맛이 제대로 난다.

불고기

+ **재료** 쇠고기 불고기감 400g
+ **불고기양념** 양파 ¼개, 간장 5큰술, 배음료 또는 배즙 5큰술, 물엿 1.5큰술, 설탕 ½큰술, 다진 마늘 1큰술, 참기름 ½큰술, 통깨 ½큰술

+ **만드는 방법**

1 쇠고기는 핏기를 닦는다.

2 양파를 갈아서 불고기양념 재료와 잘 섞어 고기에 붓고 30분에서 1시간 정도 재워둔다.

3 잘 달군 팬에 구워낸다.

궁중떡볶이

+ **재료** 쇠고기 불고기감 100g, 가래떡 300g, 당근 ¼개, 양파 ½개, 파 ½대, 물 ⅓컵
+ **떡볶이양념** 간장 3.5큰술, 청주 2큰술, 물엿 1큰술, 설탕 ½큰술, 다진 마늘 1큰술

+ **만드는 방법**

1 떡볶이양념 재료를 잘 섞어 쇠고기와 가래떡을 넣고 15분간 재워둔다.

2 당근과 양파, 파는 채 썬다.

3 팬에 재워둔 쇠고기와 가래떡, 물을 넣고 뚜껑을 덮어 볶다가 거의 익었을 때 당근과 양파, 파를 넣고 한 번 더 볶는다.

쇠고기덮밥

+ **재료** 쇠고기 불고기감 300g, 당근 ¼개, 양파 ½개, 파 ½대, 밥 2 공기
+ **고기양념** 간장 3.5큰술, 설탕 ½큰술, 참기름 ½큰술, 다진 마늘 ½큰술, 청주 2큰술

+ **만드는 방법**

1 고기양념 재료를 잘 섞어 쇠고기에 붓고 30분간 재워둔다.

2 당근과 양파, 파는 채 썬다.

3 팬에 재워둔 고기를 넣고 뚜껑을 덮고 익히다가 당근, 양파, 파를 넣고 볶는다.

4 접시에 밥을 담고 쇠고기볶음을 올린다.

표고버섯잡채

+ **재료** 쇠고기 불고기감 100g, 표고버섯 5장, 당근 ¼개, 양파 ½개, 풋고추 1개
+ **고기양념** 간장 2큰술, 설탕 ½큰술, 다진 마늘 ½큰술
+ **표고버섯양념** 소금 ½큰술, 참기름 ½큰술

+ **만드는 방법**

1 모든 재료를 채 썰어 쇠고기는 고기양념에, 표고버섯은 표고버섯양념에 재워둔다.

2 달군 팬에 쇠고기를 볶는다.

3 다른 팬에서 표고버섯과 당근, 양파, 풋고추를 볶는다.

4 볶은 쇠고기와 표고버섯, 채소를 합쳐서 한 번 더 볶는다.

표고버섯탕수

+ **재료** 표고버섯 8개, 달걀 1개, 전분 ½컵, 참기름 ½큰술, 현미유 2컵, 소금 조금
+ **탕수소스** 물 ½컵, 간장 1큰술, 식초 1큰술, 설탕 1.5큰술, 전분 1큰술

+ **만드는 방법**

1 표고버섯은 2~3등분하고 소금과 참기름으로 버무려서 5분간 재워둔다.

2 달걀과 전분을 섞어 걸쭉한 튀김옷을 만든다.

3 표고버섯에 튀김옷을 입혀서 달군 기름에 두 번 튀겨낸다.

4 냄비에 물, 간장, 식초, 설탕을 넣고 끓이다 전분을 물에 개어 넣고 농도를 맞춘다.

5 튀긴 표고버섯에 탕수소스를 곁들여낸다.

소스에 피망이나 파프리카, 버섯 등 다양한 채소를 곁들일 수 있다.

우엉잡채

+ **재료** 우엉 100g, 데친 당면 200g, 당근 ¼개, 양파 ½개, 식초 1큰술, 소금 ½큰술, 간장 3큰술, 설탕 1큰술, 통깨 ½큰술, 참기름 ½큰술, 현미유 2큰술

+ **만드는 방법**

1 우엉은 채 썰어 식초물에 담갔다 건진다. 당근과 양파도 채 썬다.

2 우엉과 당근, 양파는 달군 팬에 기름을 두르고 볶다가 소금으로 간을 한다.

3 데친 당면은 간장 1큰술을 넣고 따로 볶는다.

4 우엉과 채소, 당면을 모두 섞은 후 간장 2큰술과 설탕, 참기름, 통깨를 넣고 한 번 더 볶아낸다.

표고버섯깐풍

+ **재료** 표고버섯 8장, 달걀 1개, 밀가루 ½컵, 현미유 2컵
+ **깐풍소스** 양파 ¼개, 풋고추 1개, 물 ½컵, 간장 3큰술, 식초 1큰술, 다진 마늘 ½큰술, 현미유 1큰술, 전분 1큰술

+ **만드는 방법**

1 표고버섯은 먹기 좋게 썰고 양파와 풋고추는 잘게 다진다.

2 달걀과 밀가루, 물을 섞어 걸쭉한 튀김옷을 만든다.

3 표고버섯에 튀김옷을 입혀 달군 기름에 두 번 튀겨낸다.

4 달군 팬에 기름을 두르고 다진 양파, 마늘, 풋고추를 볶다가 물을 붓고 간장과 식초를 넣고 끓인다. 전분을 물에 개어 넣고 걸쭉하게 농도를 맞추어 깐풍소스를 만든다.

5 튀긴 표고버섯을 깐풍소스에 넣고 조려낸다.

대게 ＋ 무 ＋ 연근

겨울이 오기를 기다렸다 먹는 대게. 그냥 쪄서 먹어도 맛있지만
무와 김치를 조금씩 더해 진한 맛을 낼 수 있다.

대게

　우리나라에서 잡히는 게 종류 중 가장 큰 대게는 다리가 대나무처럼 쭉쭉 뻗었
다고 대게라 부른다. 6월부터 11월까지 대게의 산란기는 금어기로 지정되어서 생
물 대게를 먹을 수 없고 12월에서 5월까지가 국산 대게를 먹을 수 있는 기간. 겨울
을 지나고 살이 다시 차오른 봄에 가장 맛있다. 암게는 포획이 금지되어 있다.

　대게와 모양은 거의 비슷하지만 조금 작고 앞뒤가 모두 붉은 홍게는 맛은 조
금 떨어져도 금어기가 짧고 포획양이 많아 저렴하게 먹을 수 있다.

연근

　연근은 소염, 지혈, 해독 작용을 하는 약용 식품이다. 껍질을 벗기고 썰어놓
은 연근은 약품처리가 된 경우도 있으니 통으로 사서 직접 껍질을 벗기는 게 맛
도 신선하고 영양도 살아 있다. 요리하기 전 식초를 탄 물에 잠시 담가두면 아린
맛을 없애고 아삭함을 살릴 수 있다.

대게찜

+ 재료 대게 1마리

+ 만드는 방법

1 살아있는 대게는 수돗물에 담가서 기절시킨다.

2 찜통에 등이 아래로 오도록 뒤집은 채로 20분간 찐다.

3 불을 끄고 5분간 뜸을 들인 후 꺼낸다.

게딱지비빔밥

+ 재료 게딱지 2개, 찐 대게살 30g, 김치 20g, 밥 2공기, 김가루 · 참기름 조금씩

+ 만드는 방법

1 게딱지의 살을 다 발라내고 다리살도 조금 준비한다.

2 김치를 잘게 썰어 게살과 김가루, 참기름과 함께 밥에 넣고 비벼 게딱지에 담아낸다.

대게비빔국수

+ **재료** 찐 대게살 조금, 소면 200g, 양파 ⅓개, 다진 김치 2큰술
+ **비빔장** 고추장 2큰술, 식초 2큰술, 물엿 ½큰술, 설탕 ½큰술, 사이다 50g, 다진 마늘 ½큰술, 참기름 ½큰술, 소금 조금

+ 만드는 방법

1 대게살은 발라두고 양파는 채 썬다.

2 비빔장 재료를 잘 섞는다.

3 끓는 물에 소면을 넣고 삶은 후 건져 찬물에 씻는다.

4 국수에 양파, 다진 김치, 대게살, 비빔장을 넣고 잘 비벼낸다.

대게탕

+ **재료** 대게 1마리, 무 2cm 두께 1조각, 양파 ⅓개, 파 ½대, 다진 마늘 ½큰술, 고춧가루 2큰술, 다시마육수 6컵, 소금 조금

+ 만드는 방법

1 무는 편으로 썰고 양파와 파는 큼직하게 썬다.

2 다시마육수에 무를 넣고 끓이다 대게와 양파, 고춧가루, 마늘, 파를 넣고 끓인다.

3 부족한 간은 소금으로만 한다. 대게에서 짠맛이 나와서 특별한 양념 없이도 맛있는 탕이 된다.

연근조림

+ **재료** 연근 1개, 식초 1큰술, 통깨 ½큰술, 참기름 ½큰술
+ **조림양념** 물 ⅓컵, 간장 3큰술, 물엿 ½큰술, 설탕 ½큰술

+ **만드는 방법**

1 연근은 껍질을 벗기고 모양을 살려 도톰하게 썬 다음 식초를 넣은 물에 데쳐 건진다.

2 냄비에 조림양념과 함께 연근을 넣고 뚜껑을 덮어 조린다.

3 자작하게 조려지면 통깨와 참기름을 넣고 잘 섞는다.

연근튀김

+ **재료** 연근 1개, 식초 1큰술, 밀가루 1컵, 녹말가루 3큰술, 얼음물 1컵, 소금 ½큰술, 현미유 1컵

+ **만드는 방법**

1 연근은 껍질을 벗기고 모양을 살려 도톰하게 썬 다음 식초를 넣은 물에 담가둔다.

2 밀가루, 녹말가루, 얼음물, 소금을 섞어 튀김옷을 만든다.

3 연근에 튀김옷을 입힌 후 달군 기름에 튀겨낸다.